写给中小学生的

法布尔昆虫记

第 **4** 卷
以弱胜强的斗士

（法）法布尔（Fabre，J.H.） 著

余继山 编译

上海科学普及出版社

图书在版编目（ＣＩＰ）数据

写给中小学生的法布尔昆虫记 . 第四卷，以弱胜强的斗士 /（法）法布尔
（Fabre，J.H.）著；余继山编译 . — 上海：上海科学普及出版社，2017.5

ISBN 978-7-5427-6844-5

Ⅰ . ①写… Ⅱ . ①余… Ⅲ . ①昆虫学—少儿读物 Ⅳ . ① Q96-49

中国版本图书馆 CIP 数据核字 (2016) 第 257792 号

责任编辑　　刘湘雯

写给中小学生的法布尔昆虫记

第四卷　以弱胜强的斗士

（法）法布尔（Fabre，J.H.）著

余继山 编译

上海科学普及出版社出版发行

（上海中山北路 832 号 邮编 200070）

http://www.pspsh.com

各地新华书店经销　三河市同力彩印有限公司

开本 787×1092 1/16 印张 10.75 字数 210 000

2017 年 5 月第 1 版　 2017 年 5 月第 1 次印刷

ISBN 978-7-5427-6844-5　　定价：28.00 元

前　言

　　《昆虫记》是法国著名昆虫学家、科普作家法布尔的代表作。法布尔从小就对自然界和昆虫世界表现出了浓厚的兴趣，立志做一个为昆虫写历史的人。他经过20多年的观察研究和资料搜集，将昆虫的专业知识与人文情怀结合在一起，最终写成了昆虫的史诗《昆虫记》。

　　《昆虫记》全书共分为10卷，概括性地阐述了各类昆虫的种类、特征、生活习性及生殖繁衍情况。书中，作者将自己的人生经历与纷繁复杂的昆虫世界联系在一起，用清新自然、诙谐幽默的语调，向读者讲述了一个又一个关于昆虫的故事，内容不仅包含丰富的知识性，并且极具趣味，是一部不可多得的长篇科普文学巨著。

　　法布尔在描述昆虫时，常常用人性的眼光去看待它们，评判它们，内容充满着哲学意味的思考，字里行间透露出对生命的尊重与热爱。作者在讲述昆虫筑巢、觅食、工作、交配、生殖繁衍等生命活动时，常常浸透着人性的思考。通过阅读这套书，小读者不仅可以读到一个妙趣横生的昆虫世界，而且能通过对这些现象的了解，探究到昆虫背后的秘密，解开一个又一个有关昆虫的谜团。

　　本套丛书是专门为中小学生打造的，在充分尊重原著的基础上，用流畅、通俗易懂的语言向小读者们讲述了各种昆虫趣事，使小读者们能够无障碍地进行阅读。书中还配有大量精美的昆虫插图及活泼俏皮的文字解说，辅助小读者更好地理解其中的内容。现在，让我们一起走进法布尔笔下的神奇昆虫世界，去体会和了解这个不一样的，充满奥秘的世界吧。

目录
contents

第六章
采集树脂的镶嵌工——采脂蜂

第七章
隐蔽的捕猎能手——蜾蠃

第八章
凶残的进食者——大头泥蜂

第九章
一招毙命的捕猎者——土蜂

第十章
以弱胜强的斗士——蛛蜂

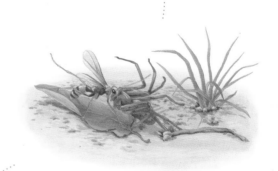

第十一章
拥有毒针的刺杀者——蜜蜂

第十二章　139
蠕动的挖掘者——天牛

第十三章
开凿通道的筑路工——吉丁

第一章

石头下的长腹蜂

昆虫档案

昆虫名：长腹蜂

身世背景：体态优雅，习性怪异，建造的蜂巢结构与别的昆虫大不相同

生活习性：习惯生活在温暖而干燥的地方，人类的居所是它们最常选择的筑巢地

喜　　好：害怕寒冷，喜欢温暖的地方，尤其喜欢吃蜘蛛

绝　　技：高超的捕猎技术

武　　器：螯针、大颚

长腹蜂和它的巢

长腹蜂是我们熟悉的昆虫中最有趣的，它个性古怪，却有着一副好身材。长腹蜂喜欢独处，躲在角落里不合群，以至于很长时间里人们都不知道有这种昆虫。对它来说，这也算是一件好事，因为这使它没有被人类想方设法灭绝。

长腹蜂怕冷，喜欢阳光明媚的好天气。因此，在冬天，长腹蜂就会躲到有人居住的地方去取暖。如果有一间独立的房子，那就最合它的心意了，既能过冬，又不会引人注目。长腹蜂还有一项特长，那就是根据烟囱黝黑的程度来判断屋子是否暖和。在它看来，干净的烟囱一定是没有热度的房间。

长腹蜂筑巢的时间在每年七月到八月。这个时期，它会到处寻找适合筑巢的地方，找到了地方后，长腹蜂就会对各处进行探测，尤其关注炉膛内壁和烟囱。如果探寻后觉得可以安家了，长腹蜂就会开始工作，用小团泥巴来筑巢。屋里的嘈杂和人来人往都不会让它们分心，对筑巢的专注会让它们忘掉周围的一切。

长腹蜂喜欢在温暖的地方筑巢，热气腾腾的黝黑烟囱是它们不错的选择。

长腹蜂选择筑巢的地点只注意一点，那就是要温暖。因为温暖的地方适合幼虫的生长，所以它们一般会选择在烟囱上筑自己的小窝，这也使得它们的全身总是被烟熏得漆黑，就好像抹在砖墙上的灰浆一样。但长腹蜂并不在意这些。在它看来，只要不被火苗烧到就可以了。如果不幸被火苗舔到，那么对于幼虫来说，是很危险的。

长腹蜂也明白这一点，所以在建巢的时候，它会充分考虑这一点，哪怕只是有一丝危险，长腹蜂们都会远远地离开。

尽管长腹蜂考虑得很周全，但它无法左右烟囱何时冒烟，因此在筑巢时常常遇到麻烦。滚滚的烟雾会阻断它们回家的路线，尤其是在房屋的主人烧水洗衣服的时候，长腹蜂常常会受到屋里的浓烟、蒸汽、水汽的袭击而陷入麻烦的境地。好在长腹蜂有着坚韧不拔的耐力，能够克服这种困难。怀着回家的强烈渴望，长腹蜂咬着泥团，轻盈地穿过烟云，到选好的地方开始筑巢。

几乎很少有人会相信，长腹蜂这个小精灵能够穿透炙热的烈火和棕红的蒸汽，去修建自己的小窝。为了自己的家，它们会不断地和烈火、蒸汽抗争。

实际上，要想观察到长腹蜂和烈火抗争的场面是十分不容易的。作为一个好奇的观察者，我很想亲自布置一个场景，让长腹蜂同烈火和蒸汽战斗，但只怕每个听说的人都会认为我脑子出毛病了。

后来，我真的遇到了一个观察长腹蜂筑巢的好机会。那是一个大扫除的日子，当时我正在阿维尼翁师范学校上学。因为要赶着去参加一个展览会，所以我急匆匆地忙碌着，就在这时，一只虫子飞了进来。这是只奇异的虫子，外表看上去很漂亮，体态轻盈，长身子下还长着一个圆鼓鼓的肚子。我立刻分辨出这是一只长腹蜂，而且立刻被它吸引住了。我知道这是个观察它的好机会，只是时机不巧，我现在必须要出去参加那个展示会。因此我嘱咐家里人替我观察长腹蜂的一举一动，特意叮嘱千万不要打扰它，更不要让火焰烧到它。还好，我的家人没让我失望，他们都认真地照做了。

等我匆匆赶回来时，我看到了放在那里的洗衣桶还在壁炉下，长腹蜂也依然忙碌着，一颗悬着的心才放了下来。我对长腹蜂充满了好奇，现在好不容易有了一个机会了解它筑巢的全过程，所以我尽量不给它设置阻碍，还特意把火盆挪到一边，好让火势小一点，算是给它帮了些忙。我在一旁足足观察了 2 小时，看着它忙进忙出。正如我所料，在没有遇到什么困难的情况下，它非常顺利地建了个大巢，然后就和自己的家人一起搬进了温暖的新屋。

40 多来年，我再也没有任何机会看到长腹蜂来我家筑巢，只能寄希望于奇迹能发生在其他人家里，好让我能多了解它们一些。经过长时间的分析总结，我发现不同种类的膜翅目昆虫所选择的繁衍生息的地方都离出生地不远。

我把冬天收集来的长腹蜂的窝安放在壁炉里，还在四周装上了可以制造蒸汽效果的设备。我想，等到来年初夏，这些蜂巢就会长出新蜂，这样我便可以对它们进行实验了。但是我失算了，这些长腹蜂出生后，全都离开了，没有一个回来，即使有些中途回来过几次，但最后还是都一去不返了。看来，长腹蜂天性喜欢四处游荡，如果没有遇到特别中意的地点，它们会选择别的地方重新安家，一代一代地改变筑巢的地方。尽管我们这个村子里长腹蜂很常见，但它们的蜂巢常常四处分散，这些小家伙不喜欢把家安在同一个地方。

冬天，长腹蜂常常将蜂巢筑在人类住房的壁炉里，等到来年初夏，这些蜂巢里就会长出新蜂。

　　我的失算还有另一个原因。在南方，长腹蜂不是什么罕见的昆虫。然而，相比于城市雪白的公寓，它们更喜欢被烟熏得黑黑的房子。所以，农村更容易见到长腹蜂，因为村里的房屋大多是非常破旧的，而且烟熏的痕迹很严重。我在乡间的住所因为过于干净，所以无法吸引长腹蜂来居住，结果它们全跑到邻居家去了，哪怕邻居的房子破旧得只剩下一扇破窗，但只要是被烟熏黑了，它们就喜欢。虽然我只能偶尔看到它们飞过，但还是有那么几次发现了它们勇敢地穿过蒸汽和浓烟。有时我想，它们敢不敢穿越火焰呢？

　　长腹蜂最喜欢的筑巢地点是炉膛，这也是为下一代考虑而做出的选择。新出生的长腹蜂必须依赖很高的温度才能得以存活，所以，成年的长腹蜂必须接受把巢建在炉膛里这项艰巨的任务。

　　我在长腹蜂建在壁炉里的蜂巢中测量出了温度，发现温度为 35 ~ 40℃。不过，这温度不是恒定的，也会随着外界的因素而有些波动，比如季节和昼夜的变化。为了能够更准确地测到温度，我又观察了两次。

　　我将第一个观察点选在了缫丝厂的发动机房，那里有一个与天花板离得很近的高温大锅炉。喜欢温暖的长腹蜂就把自己的巢筑在天花板上，

长腹蜂的幼虫需要在摄氏 40 多度的环境下生存，待在泥巴中沉睡十个月，才能健康地存活。

这里非常炎热，温度通常都在 49℃。找的第二个观察点是一家不大的乡村蒸馏厂，在高温的锅炉旁，成千上万只长腹蜂巢随处可见。这里的温度保持在 45℃左右。

通过这些观察的数据我知道，长腹蜂的幼虫喜欢在摄氏 40 多度的环境下生存，这也是它们需要在泥土里沉睡十个月的幼虫所必要的生存条件。幼虫成长对温度的依赖，就好比种子发芽也需要温度一样，是必不可少的条件。

这里的几口大锅和炉子发出的热气让人难以忍受，但长腹蜂却爱极了这样的环境，认为这是上天赐予它们的宝地。无论是天花板还是玻璃窗台，都是它们安家的好地方。因为这里的温度可以保护幼虫过冬。长腹蜂忙里忙外，就是希望能找到一个温暖的地方让下一代安然过冬罢了！

长腹蜂不仅把家安在锅炉房里，还会选择把家安在一些奇怪的地方。比如我在一个干葫芦内发现了长腹蜂的巢穴，那葫芦就挂在农家的壁炉上，葫芦口是开着的，这就方便了长腹蜂飞进葫芦里筑巢。在我的笔记中，长腹蜂会在各种地方建造蜂巢，如一堆很久没有使用的废弃账簿，一顶挂在墙头、落满尘土的鸭舌帽；还有的长腹蜂筑巢的地点更有意思，他们居然把巢筑在了空心砖的窟窿里；我还在装燕麦的袋子上发现过长腹蜂的巢。看来，只要这里的温度足够暖和，长腹蜂就有可能将巢穴筑在此地。

石头下的长腹蜂

我发现，阿维尼翁一带的农庄的厨房里都装有一个很大的壁炉，壁炉上挂着一排大小不同的锅，锅上煮着热气腾腾的浓汤。浓汤是做给在田间干活儿的农夫们喝。当农夫从田间回来、围着饭桌吃饭时，如果你观察足够细致，便会发现，他们脱下来挂在墙上的罩衫、帽子已经被长腹蜂看中了。有的农夫细心，会在离开之前使劲儿抖动衣服，于是就会有橡栗那么大的蜂巢从衣服里被抖落下来。农夫们走后，女厨子们又要烦心了，因为她们要将这些全打扫干净。在她们看来，长腹蜂在天花板、壁炉上安家都无所谓，但在衣服和窗帘上做巢却是件不能忍受的事。为了保持衣服和窗帘的清洁，她们每天不停地抖动帘子，驱赶它们，但第二天，这些顽皮的顽固分子又早早地赶来筑巢了。

厨娘的苦恼我能理解，同时也为自己无法和长腹蜂近距离接触而遗憾。对我来说，和这些长腹蜂待在一起是多么愉快的事呀，即使所有的衣服、窗帘都黏上厚厚的泥巴也无所谓。我希望能够看到它们在任何地方筑窝。我对长腹蜂的巢很感兴趣，原因在于它们不像石蜂那样常常将巢筑在树枝上，还用硬灰浆将整个巢穴层层包裹起来，完全看不出里面的样子。而长腹蜂的巢其实就是一堆泥巴，没有坚固的水泥防护罩，但事实上它也十分坚固。

现在，我们来看看长腹蜂是如何建造自己的蜂巢的。如果在它们选中的地点附近有小溪，它们就会去小溪边采泥。在我的小院里，经常可以看到长腹蜂们在工作。当我开始浇灌园地时，长腹蜂们就成群结队地跑来，在水渠边开始采烂泥。要知道，在这个干燥的旱季，这些烂泥可是长腹蜂们难得的收获呀！大家或许会想，这些长腹蜂一定浑身都是泥巴？其实并不是这样的，尽管在稀泥里干活，但这些长腹蜂却一点儿也不脏。它们在采集烂泥时，会把大部分身体都翘起来，只用足尖和大颚去采集，有效地避免了身体其他部位沾上泥巴。等它们采集到的泥团有豆子大小时，它们就会用牙咬着泥团，飞回要建巢的地方。长腹蜂和其他蜂类一样，都是勤劳的昆虫，哪怕是烈日当空，它们也总是不畏辛苦地工作。

所以，我会经常到村中的水池旁寻找长腹蜂，每一次它们都没有让我失望。每一次来到水池旁，我都可以看到长腹蜂们忙碌的身影。

石蜂在筑巢时，为了使自己的房子更加坚固，会挑选一些干燥的土粒，再用唾液将它润湿，这样灰粒很快就变得和石头一样硬。可以说，石蜂就好比人类的泥瓦匠。遗憾的是，长腹蜂没有这个能力，它们没有别的什么特长。采来的材料什么样子，所筑的巢就是什么样子。我从长腹蜂的巢里偷来一些泥土，跟我采集的泥团比较，发现基本上没差别。所以，石蜂的巢坚固如铜墙铁壁，经受得住风雨。但长腹蜂的巢没有这么强的抵抗力，如果向上面滴一滴水，城池就会一点点变软，直到最后变成一团烂泥。可以说，长腹蜂的巢和石蜂的巢简直没法比，质量差太多了。

由此可见，长腹蜂喜欢筑巢在人类的居所里也是有一定原因的，因为在外面，蜂巢实在无法抵御风雨的袭击。因而它们需要一个能遮风挡雨的地方，人类的房子有利于保护蜂巢，幼虫需要一个温暖干燥的环境。

尽管长腹蜂的蜂巢没有什么装饰，但也并不难看。蜂巢内部被分成了许多小的房间，房间与房间彼此相连，排列有序而整齐别致，颇为雅致。

长腹蜂喜欢在有水的地方活动，人们经常能在水池边看到它们忙碌的身影。

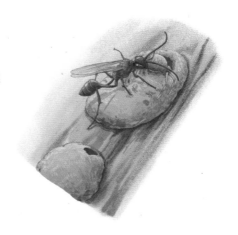

产卵期到来时，长腹蜂早早把蜂巢建好，在里面储藏上充足的食物，接着就会封闭蜂巢的大门。

长腹蜂的蜂巢从上到下逐渐增大，像个圆柱形，蜂巢表面涂有一层薄浆，能清晰地凸显出凸起的斜纹。这些斜纹每一道都相当于一层基石，长腹蜂在忙完一道斜纹后，才能继续往上涂抹另一层。我们只要数数细纹，就能知道它们来来回回飞了多少次。长腹蜂筑一间蜂房，一般需要往返20多次，有时候甚至需要更多次。要筑一间密不透风的蜂巢，可不是轻易就能完成的。

长腹蜂的蜂巢出口朝上，像个大坛子一样，非常便于储存食物。它们会在蜂巢表面胡乱地涂抹上防御性材料，使得整个蜂巢看起来像是甩在墙头的一团干泥巴。虽然这与我们人类建造居所的思维完全不一样，但谁又能说它们做得不好呢？在它们看来，只要能保证孩子安全出世，巢穴再丑陋又有什么关系呢？

长腹蜂的幼虫

通常情况下，长腹蜂喜欢把自己的蜂巢连在一起，并将它们安排在一个平坦的地方。长腹蜂的蜂巢从外面看起来不够优雅，其实，很多人并不知道，长腹蜂的蜂巢不过是个半圆柱体，聪明的长腹蜂们只是把蜂巢的

通常情况下，长腹蜂喜欢把
蜂巢连在一起，安放在一个
比较平坦的地方。

出口巧妙地雕成了圆形，让它更好看且实用一些而已。

　　虽然不同昆虫的筑巢方式不同，但无论如何，这些都是凝聚着它们劳动成果的杰作。

　　长腹蜂的蜂巢是用来储存食物的，那么它的蜂巢里到底都有些什么美味呢？

　　长腹蜂的幼虫主要吃蜘蛛，但长腹蜂在蜂巢里储存的食物除了蜘蛛以外，还有其他的蜘蛛目昆虫，只要体积不超过巢穴的容积就行，包括圆网蛛、窨蛛、圆蟹蛛、珠腹蛛和狼蛛等多种蜘蛛。虽然长腹蜂会吃很多种昆虫，但是它最喜欢的食物还是圆网蛛。当然，圆网蛛也分好几种，冠冕蛛是最常见的一种。

　　冠冕蛛就是长腹蜂最爱的圆网蛛啦，可我实在不明白它们为什么会钟情于这种昆虫。长腹蜂搜捕猎物时，并不会离自己的蜂巢太远，它们只会在靠近蜂巢的旧墙、篱笆附近捕捉小昆虫。因为蜘蛛随处可见，所以长腹蜂找起食物来几乎不费什么力气。

　　但是，如果长腹蜂找不到圆网蛛，也会去找其他种类的蜘蛛来代替，有时为了填饱肚子，它们就连差别很大的蜘蛛种类也不放过。不过，大家千万不要以为长腹蜂是什么蜘蛛都吃的。长腹蜂是非常懂得鉴别食物的。

它特别喜欢肉质鲜美肥厚的蜘蛛，对那些只会在人类的家里结网的家隅蛛则丝毫没兴趣。

蜘蛛有着锋利的螯牙，身体强壮，真要打起来，长腹蜂需要小心应付，还不能稳操胜券。而且长腹蜂的储存间不大，也无法容下这种环带蛛蜂。不过，长腹蜂对付这种环带蛛蜂有一个特殊的办法，就是趁着这些猎物还小的时候就马上下手。此外，长腹蜂还会根据蜂巢的大小和猎物的大小，来决定自己到底要捕捉多少只猎物，这样就不用担心猎物体形过大而无法容纳了。当然，和其他的膜翅目昆虫一样，长腹蜂也会根据自己幼虫的性别来决定为它们储存什么样的食物和储藏多少食物了。

接下来，我开始留心观察长腹蜂捕猎的情景。

长腹蜂捕捉蜘蛛的动作是非常快的，我曾多次看见为了逃避长腹蜂的追捕而拼命逃窜的蜘蛛，但最后它们都被逮住了。长腹蜂捕捉蜘蛛的动作非常干净利落，几乎一抓一个准儿。它们毫不隐藏自己的行径，总是快速冲过去，一把抓住惊慌的猎物，将它们带回自己的巢穴里。它们捕猎的手法和泥蜂很像，最强有力的武器就是螯针和大颚。这种捕捉猎物的手段虽然不是高级动物所为，但对于长腹蜂而言，却已经足够了。

长腹蜂是天生的麻醉高手，它捕获到猎物后，会先想办法把灌有麻醉药的螯针刺在猎物胸腹里的神经中枢上，等猎物瘫痪后再给自己的孩子食用。

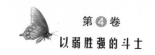
在放大镜的帮助下，我曾经多次观察了长腹蜂的蜂房，发现里面的卵还没孵化，看来里面的食物被放进去的时间还不长。不过，我也可以清楚地看到，这些猎物从触角到跗节都早已僵硬了。猎物是很难储存的，不到半个月的时间，这些猎物就会发霉，腐烂变质。长腹蜂不像环带蛛蜂那样有高超的麻醉手段，可以防止猎物腐烂变质。长腹蜂只具备高超的捕猎手段，对于如何保持猎物的新鲜，它着实没有什么好的方法。

不过，我还是发现长腹蜂有许多办法来食用这些即将腐烂的食物。长腹蜂的每间蜂房里都储备着许多食物，幼虫只会先挑一只死蛛下手，将它捣碎来吃。因为食物很小，而幼虫的食量很大，所以食物还没等到腐烂，就已经被长腹蜂的幼虫吃光了。通常情况下，幼虫只会在吃完一只蜘蛛后，才会去吃另一只。所以，虽然这些死去的蜘蛛很容易腐烂，但幼虫是依次进食的，还是能在它们腐烂变质前就把它们解决掉。

更有趣的是长腹蜂很会放置自己的卵。在蜂房里，人们很难找到它们的卵。因为它们会将卵放在最先储存起来的那只蜘蛛下面。长腹蜂总是将自己的卵产在蜂房里储备的第一只蜘蛛身上。产完卵之后，长腹蜂才会再去捕捉更多的猎物。和泥蜂的简易巢穴不同，长腹蜂房子的大门是封死的。如果长腹蜂想进入蜂房，就必须先敲掉房子的大门，砸开那扇已经变得十分坚硬的大门，这对于它来说是一项很艰苦的工作。而且，长腹蜂在费了很大力气砸开大门之后，还必须在离开前重新把门给修好，这真是一件既繁琐又辛苦的活儿。

所以，长腹蜂不会反复储存猎物，它们会尽可能地在短时间内把食物装满蜂巢。如果无法在一天之内捕获足够多的食物，或者天气不佳，长腹蜂会花上好几天的工夫去装蜂巢。所以长腹蜂把卵放在第一只蜘蛛身上是非常明智之举。接下来捕捉的食物会按照先来后到的原则依次排列，最早捉来的在最底下，而最上面的就是最新鲜的。蜘蛛腿上有粗糙的纤毛，能够牢牢地挂在蜂房的内壁上，防止蜂房倒塌，而排列有序的食物被很好地将新鲜的和霉烂的区分了开来。所以，幼虫只需安安稳稳地从最下面开

石头下的长腹蜂

长腹蜂总是将自己的卵产在蜂房里储备的第一只蜘蛛身上。产完卵之后，它才会再去捕捉更多的猎物。

始吃掉一只又一只的蜘蛛，就能保证自己吃到的是最新鲜的食物了。

　　长腹蜂一般都会把卵放在蜘蛛腹部的底端，朝一边偏。对了，讲了这么多，还没有告诉我亲爱的读者们，长腹蜂的卵长的是什么样子呢？长腹蜂的卵是白色的，形状为圆柱形，稍稍有些弯曲。所以，按照捕猎性膜翅目昆虫的生活习性来推测，一般新出生的幼虫第一口所咬的位置，就是卵所在的位置——腹部底端了。这里是蜘蛛汁液最丰富、最嫩的地方，幼虫当然要先吃这里，吃完之后再接着吃蜘蛛鼓鼓的胸部，最后吃的才是蜘蛛的足。

　　吃饱以后，幼虫就开始做茧了。它最初做的茧是洁白的纯丝袋子，质地轻柔，禁不起碰，也无法保护幼虫。不过，随着不断进食，幼虫的能力越来越强，会编织出更为精良、美丽的布匹，还会用一层特殊的漆来保护自己。在这个特殊的"纺纱厂"里，肉食性膜翅目昆虫的幼虫可以通过两种方法来增加茧丝的韧性：第一种方法是在丝织物中嵌入许多小沙粒，这就使得茧拥有了矿物质外壳，而丝的作用就像凝结沙石的水泥一样。同时，长腹蜂的幼虫会利用自己的乳糜分泌出一种像清漆一样的液体，用它填满整个丝织物，使其变得坚硬无比，成了难以攻破的屏障。长腹蜂会细细为茧做上很多层清漆，而不像有的昆虫那种，草草为茧涂上一层漆就完事了。

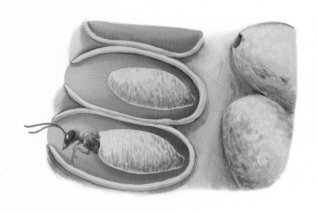

长腹蜂的茧长度远比宽度大，上端很圆，下端堆积着一层厚厚的粪球，从外面看上去像是被锯掉了一半似的。

　　而长腹蜂幼虫的做茧方式则是另一种。它们会将茧做得非常细腻，非常透明，就像一块儿上好的琥珀一般；放在手指间去搓动，还会发出细碎的声音。从外面看上去，茧的长度远比宽度大，这一点与蜂房的容积和将来成虫的细长形态都是相符合的。茧的上端很圆，但是下端堆积着吐出清漆后变成的黑色粪球，这些粪球又为茧加了一层厚厚的不透明保护层。所以，整个茧从外面看上去就好像被锯掉了一半似的。

　　当然，由于气温的不同，长腹蜂的孵卵周期也不尽相同。不过，我想还有一些我一时无法说清的因素在影响着它们吧。有些七月织成的茧，要一个月的时间才能长成成虫，而一般幼虫是在活跃期过后的 15 ~ 20 天就要开始羽化了。但有的幼虫八月做茧，到九月才开始羽化。长腹蜂幼虫的羽化还有一个特点，那就是只要在夏季做的茧，一定要度过冬季，到来年六月才能羽化。根据对长腹蜂的记录我发现，它们在一年里会出现三代，六月出生的为第一代，八月出生的为第二代，九月出生的为第三代。在适宜的温度下，长腹蜂幼虫的变态会非常迅速，它们在一个月内就可以完成一个蜕变循环。而当九月份气温开始下降时，还没来得及孵化的幼虫们只能进入休眠状态，等待暑天到来、气温升高时才能成熟羽化。

第二章
筑巢能手
——黑蛛蜂

昆虫档案

昆虫名：蛛蜂

身世背景：膜虫纲膜翅目昆虫，身体通常呈黑色、深蓝色或红褐色，有金属光泽和线描的单色斑纹

生活习性：蛛蜂成虫常常待在地下、石块缝隙或者朽木中，在这里筑巢、储存粮食并且养育后代；常以蜘蛛和黄地老虎幼虫为食

绝　　技：能准确地麻醉猎物

武　　器：螫针、大颚

敌　　人：蜘蛛

黑蛛蜂与它的蜂巢

在膜翅目昆虫中，黑蛛蜂属于比较聪明的一类，虽然它们体形较小，完全配得上"制陶艺术家"的称号。就是这样一个小小的东西，却能够制造出精美别致的陶器。简直令人难以置信。

前面我们了解到，长腹蜂的蜂房是彼此相连接的，而黑蛛蜂的蜂巢却完全不一样，都是各自独立的。蜂巢整齐有序地依次隆起，从一端延续到另一端。如果让长腹蜂和黑蛛蜂进行一场筑巢比赛的话，心灵手巧的黑蛛蜂一定会更胜一筹。

斑点黑蛛蜂的蜂巢就像一个小小的坛子，大概只有樱桃般大小，呈椭圆形，开口很大，身体短小。而透翅黑蛛蜂的蜂巢给人的印象就像古代的大酒杯，是一个底部狭窄，上部开口较宽的圆锥体。它们的蜂房内被精心地打磨过，但外表看上去并不精细。在建好巢穴后，这些小家伙就要进入内壁产卵了，最后再为自己的宝宝储存一只小蜘蛛，才放心地关好大门

斑点黑蛛蜂的蜂巢就像一个小小的坛子，大概只有樱桃般大小，呈椭圆形，开口很大，巢体短小。

离开。黑蛛蜂的蜂房并不是一个接一个歪歪扭扭排成一列的，这些蜂房都是乱糟糟地堆成一团。而且它们的蜂房非常脆弱，脆弱到一碰就会碎掉，但这些黑蛛蜂却没有为此做任何的防护工作。

不过，雌黑蛛蜂在这方面会更加聪明一些，它们用一种防水措施来加强坛子的防水性。如果一滴水不幸落入长腹蜂的窝里，这滴水可能会造成整个蜂房的坍塌。可如果一滴水落入黑蛛蜂的蜂房里，水珠却并不能轻易渗入内壁，也不会对蜂房造成什么影响。这是为什么呢？原来呀，雌黑蛛蜂们在蜂房的内部刷上了一层防水材料，这种防水材料就是黑蛛蜂的唾液，它的成分是硅酸铅。你或许又会想，为什么黑蛛蜂要将防水材料涂在内层呢？涂在外层不是更加安全吗？那是因为黑蛛蜂的体形实在太小，唾液的含量也很有限，只好选择涂在内层上，以节省材料。如果有水沿着黑蛛蜂蜂房的外部淋下来，便会很快渗透扩散，将整个蜂房的外部变成一片稀泥，只留下一层薄薄的防水内层。

从外部看，黑蛛蜂的蜂房五颜六色，十分漂亮。有红色的沙砾，白色的尘土……它们所使用的建筑材料来自不同的地方，因此蜂房的颜色也不尽相同。那么，它们到底是用粉状物还是糊状物来建造蜂房的呢？从蜂房的防水性来看，黑蛛蜂应该用的是粉状材料，这样才可能用唾液湿润后

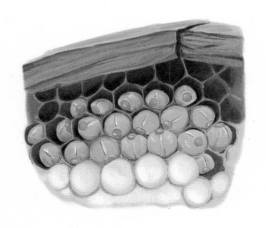

炎炎夏日，棚檐石蜂也要找一处阴凉处来避暑，冰凉的玻璃处成了它们爱去的好地方，有时候，一些不爱热闹的独行者甚至会钻到平台上的排水铅管里。

使用，如果是湿土，唾液就黏不上了。那么，蜂房外面和里面的防水性能为什么几乎完全不同呢？这个问题前面我们已经提到过，那是因为黑蛛蜂使用的防水材料是唾液，而它的唾液又非常有限，为了节省用料，它们只在内部涂上唾液。黑蛛蜂体内有两个储存液体的装置，一个是用来储水的嗉囊，另一个则是产生水的唾液腺。

虽然黑蛛蜂的蜂房内壁有着唾液防水膜，但在露天条件下，这种材料一遇水就会变质，而且还会对整个蜂房造成损坏。因此，长腹蜂和黑珠蜂都需要加固自己的蜂房，防止坍塌。但黑珠蜂不喜与人为邻，它往往会选择一些自然的庇佑物来保护蜂房。一只枯死的蜗牛壳，一个露天的墙洞，亦或是树桩下的一个洞穴，都能成为它心仪的筑巢地址。

相比之下，斑点黑珠蜂比透翅黑珠蜂更为常见，即使这样，我在家附近也仅仅见过它几次。当时，它们在我的实验室的架子上建筑蜂巢，使我得以近距离观察它们。我也曾观察，长腹蜂将家安在装谷物的圆锥形小纸袋里。看来，在筑巢方面，这两种昆虫都不怎么在乎选择地的支撑点啊。有时候，它们甚至会将窝建在令人意想不到之处。

聪明的雌黑蛛蜂在蜂房的内部刷了一层防水材料，使得整个蜂房具有了防水性，更加牢固安全。这个特殊的防水材料就是它的唾液。

本能的差错

前面，我们已经大体介绍了长腹蜂和黑蛛蜂的基本情况，但这只是我的观察研究，是远远不够的。这些资料只是介绍了它们筑巢、储存粮食和产卵的情况，并没有什么深入的研究。可一些问题还是困扰着我，那就是动物是否和人类一样，有智力，能思考吗？对于这个疑问，我们需要用无数切实可行的证据去证明，而如何得到这些证据呢？只能靠我们踏实可行地去做实验，得到有价值的事实数据和资料了。昆虫的智力是一个非常复杂又而深邃的问题，只有实验才能帮我们解决疑惑。

现在让我们开始长腹蜂的实验吧！有间蜂房刚建好，长腹蜂带着蜘蛛回来，把它放进蜂房，并在它的肚子上产了一个卵，接着又去捕食物。我就趁这个机会，悄悄用镊子把食物和虫卵夹了出来，目的就是想看看长腹蜂回来发现卵不见了会怎样？毕竟它做的一切就是为了这个卵。

如果这个长腹蜂真的聪明，可以很快就发现出了什么事——它会注意到自己的卵已经不见了。虽然这颗卵又小又细，很容易被忽视，但放在较大的蜘蛛身上，就能看得很清楚了。当长腹蜂回巢后，放第二只蜘蛛的时候，一定会发现第一只蜘蛛不见了。如果它看到这些，肯定知道出了件意外的事。我非常想知道长腹蜂发现卵没了，会有什么反应？是焦急万分还是无动于衷，继续做储存食物的事呢？但接下来发生的事儿让我失望了。长腹蜂还是兴高采烈地来回运蜘蛛，根本没发现刚才出现了什么差错，继续搬运它捕捉来的蜘蛛。我也继续我的计划，把它带回的蜘蛛拿掉。就这样，它昏头昏脑地忙碌了两天，不停地做着无用功来填补蜂房。我们就这样弄了两天，到长腹蜂运来第 20 只蜘蛛时，它可能以为房子塞满了，于是就开始把空空如也的蜂房封闭了起来。

在石蜂用分泌出来的蜜汁将花粉搅成泥的时候，我也偷偷地把它的

蜂房掏空了。它和长腹蜂一样，也丝毫没有察觉，依旧把卵产在空空的蜂房里，然后封闭好，根本没感觉到异样，好像食物压根没被偷走。能够迷惑它的一个理由可能是我在从蜂房里拿食物时，碰到了蜂房内壁，留下了蜜汁的味道，也许这就使得石蜂以为东西还在，因为它们的嗅觉比触觉更加敏锐。无论怎样，因为蜂房里一直有食物的气味，于是它就以为东西还在，继续将蜂房小心地密闭起来。

为了验证我的猜测，我用镊子把蜂房深处的蜘蛛拿出来，除了留下有味的汁液外，没有造成任何痕迹。卵被拿了，只要稍微仔细就会发现，它的家被一次次地洗劫了，它会怎么样？可是，什么也没发生，在接下来的两天里，它依旧忙碌地寻找食物，先后将 20 多只蜘蛛放到蜂房，最后把入口堵得严严实实。

在探索这些不合理的行为之前，我先用长腹蜂做了一个实验，来探索它到底是怎么想的。我们都知道，长腹蜂建造完房屋后会成为粉刷工，用粗糙的泥巴刷外墙。当看到一只长腹蜂正好在刷外墙时，我有了一个主意，因为我发现它的屋子就在一堵石灰墙上。于是我想把它的屋子弄掉，看看会有什么情况发生，它会发现吗？没想到我还真发现了一个不可思议的情况。我把巢从墙上抠下来，墙上只留下一些泥巴的轮廓。长腹蜂回来之后，竟然没事一样，依旧把小泥团向墙上贴去，继续它的工作，它肯定没有意识到房子已经没了。

出现这种情况，难道是由于长腹蜂工作太忙碌而忘记了巢的样子吗？我想，如果它发现这个情况的话，应该会停止劳作吧！但是我观察了很久，发现它丝毫没有觉察到有什么不妥，依然在忙碌着它该做的事——把带回来的泥巴黏在墙上，好像根本忘了早先蜂巢的颜色和形状。

以前，许多人都认为石蜂能记住支撑蜂巢的地方，却不知道蜂巢被人换了它也毫不知情，仍然马不停蹄地继续工作。看来，在判断失误上，长腹蜂更是令人惊讶，对于已经不复存在的蜂巢，还不停地进行粉刷。

那么，长腹蜂的头脑是不是比石蜂更笨呢？这好像是昆虫都具有的特征——当它们的本能行动被外在因素中断时，所有昆虫的反映都是一样的。我相信即使在石蜂身上做这个实验，结果也是一样的。所以，我认为不管是什么种类的昆虫，它们的智商都差不多。面对困难，它们都没有什么解决的好办法。

为了让实验更准确，我选了一些鳞翅目昆虫继续实验。

在我的居所附近，有一种大个子的大孔雀蛾，它的幼虫是淡黄色的，茧则是结在树上的，构造非常精巧。

蚕蛾的胃里有一种腐蚀性很强的奇特溶剂，在它要破茧出来的时候，会将溶剂吐在茧的内部，使茧软化溶解。然后，它只要轻轻一撞，就能够挣脱茧的束缚，来到这个美妙的世界里。正因为有这种看起来万能的溶解剂，新生蛾的出生就是一件很顺利的事情了。无论你怎样折腾茧，即使用针线把它缝起

一种大个头的大孔雀蛾将茧结在树枝上，构造十分精巧，从茧中孵化出的幼虫则呈现出柔和的淡黄色。

来，也是无济于事的，完全不能阻止它从里面爬出来。对于蚕蛾的幼虫来说，这件武器就是它打通和外部世界联系的法宝。

但大孔雀蛾的胃没有这种溶剂，如果将茧翻个身再缝合，它们就会找不到出来的途径，只能被困死在里面，所以，要想活着从里面出来，它得掌握一些特殊的技巧。大孔雀蛾的茧前面呈锥形，它们没有黏合在一起，而是松散地围成一圈锥形栅栏。其他地方却黏在一起，形成坚硬的防护层。这种茧有点儿像鱼篓，鱼儿顺着漏口进去，却是有进无出，因为鱼篓的狭窄通道会将口束紧，使鱼无法转身倒回。

我们可以把这种茧形容成捕鼠器，在诱饵的引诱下，一只老鼠轻轻顶开了捕鼠器的口，溜了进去，可它要出来时，原先的铁丝变成了拦路虎，让它有进无出。但是，如果由内而外安装锥形栅栏，所起的作用就反过来了。大孔雀蛾的茧就是这样，非常巧妙。蛾出茧时，只要用额头轻轻一拱，就可以从里面出来。等它们出来后，丝纱又恢复了原状，所以，外面的观察者根本就没办法确定里面有没有蛾。

大孔雀蛾可以轻松出茧，但是，因为蛹在变态期，需要安全，所以它们要严格保护自己大门的安全，让那些闲杂人等不能进来，从而使得企图入侵者无处下手。对于那些企图侵犯它们的虫子来说，茧入口的构造就是大孔雀蛾自我保护最好的防护设备。它们在受到外敌的挤压力越大时，产生的阻力就越大。因此，这就像是一道设计精巧的屏障，虽然制作简单，却实用无比。我实验了好几次，都无法从外面闯进去。

我之所以这么反复地说，是在说明丝纱栅栏对于保护大孔雀蛾是非常重要的。假如这些栅栏不是这样构造精巧，而是杂乱无章、次序错乱，那么就会产生重重阻力，使得蛾自己出不来，只能被困死在里面，成为拙劣技术下的悲惨牺牲品。如是这些栅栏按照几何学建造，那么，丝线就会产生很大空隙，而且数量也不多，这样就会让蛹无阻碍地暴露在外面，成为入侵者的盘中美味。因此，从安全性来讲，幼虫必须拿出它全部的智慧和能力，来建造一个有双重效果的出口。现在，我把它当作实验对象，看看它如何工作。

其实，茧壳和出口的建造是同时进行的，幼虫织完一点后转身，用没断的线继续织栅栏，它将头伸至底部，织完一点就缩回来。这样不断伸缩，让一股丝变成两股细丝，但两者不相连。当栅栏完工后，它开始织茧壳，这样不断循环。我们可以看到，漏斗部分不是连续施工造成的，整个过程有间歇。假若外界没有干扰因素，幼虫可以不间断地完成这个工作，但幼虫真的了解这种杰作的重要性和栅栏对于保护自己生命的重要性吗？为了弄清答案，我用剪刀把茧剪开了一个洞，这名"纺织工人"似乎发现了这个缺口，将头伸入缺口处，我以为它会修补缺口，但是它好像根本没有意识到这些，依旧像原来一样吐丝结茧，丝毫没有意识到茧遭到了破坏，仍然没有用细纱修补缺口。

我没有打扰它的工作。当它即将完工时，我又用剪刀把它那整个结实的工程剪开，这算是个很大的破坏行动了，可这个"工人"仿佛毫无察觉，继续原来的工作，甚至还在精细化这一被破坏的茧，完全不理会它已经残破，需要大力修补的现实。对于它的这种工作状况，我有些哭笑不得。如果它把精力都花在修补上，我或许还会有些同情它的遭遇。然而，事实

长腹蜂没有思考的能力，它只能在本能的趋势下完成习惯性的工作。就算蜂巢中的卵被盗走了，它还是会不停地储存食物，做着毫无意义的准备工作。

上，它仍然愚蠢地把剩下的丝放在本来就已经很结实的茧壁上。由此可见，它只是盲目地按照习惯的做法在进行而已。它这种极其愚蠢的行为让我有些生气，先前或许还存留的一丝同情也转为惊讶。

当大孔雀蛾接着继续完成织茧行为时，我又将茧切断。幼虫在被剪开的缺口处竖起圆盘状的纤毛，像正常纺织一样，对它做了最后的加固工作，接着，就准备在这不堪一击的茧子里化蛹了。

总而言之，幼虫对于自己的危险茫然不知，每次发现茧断之后，它都继续以前的工作，埋头苦干。尽管它有足够的丝来修补缺口，但是它并没有这么做。在外人看来，修筑栅栏是多么重要的事儿啊，但它不太关心，总是按照自己的习惯工作，完全无视外界环境和条件的变化。无论风吹雨打，它都依然坚持固有习惯，根本不会灵活改变自己的工作。

所有的实验都证明，这些昆虫的大脑里根本不存在理性的辨别力，我们看看前面的三个例子就知道了。为了一只已经丢失的卵，长腹蜂还在不停地储蓄食物，做着毫无意义的储备工作。为了把房子填满食物，它一次又一次飞来飞去，捕猎食物，却没想到我在背后已经将食物全部拿走了，到最后，它还小心翼翼地将蜂巢封好。更荒谬的是，蜂巢失踪了，它仍然在墙壁上做着粉刷工作，为一个明明已经不复存在的蜂巢辛苦劳作，还忙忙碌碌的，自以为是在盖房子呢。与长腹蜂相比，大孔雀蛾的幼虫根本没把要出现的危险放在心上，继续干它的活，更不会改变干活的进程，一心做着已经变得毫无意义的工作。

从这些实验中，我们可以得出一个结论。为了不损伤这些虫子的自尊心，我宁可相信它们是因为太过专注而忽视了这种破坏，但是这种大意无伤大雅，只是偶尔为之，与智商没有什么关联。我想为这些虫子保持名誉。然而，铁一般的事实让我无法为它们辩解，在所有的实验中，它们几乎都犯了同样的错误。在事实面前，我也无话可说。

昆虫所有的行为，不管是筑巢、捕猎，还是麻醉猎物，都和它们进食、消化以及用丝织茧一样，是一种毫无意识的行为。它们不会去想这样做的目的，那只是一种多余的思考。它们不知道自己在做什么，拥有什么样的能力，只是在机械地重复着这些习惯性的动作。

外界的干扰对它们毫无作用，哪怕是遇上异常情况，必须改变工作计划，对它们来说也没有用。它们的头脑中始终有这么一个模式，它们从来都是习惯性地坚持一项工作，机械地重复某些动作。从专业角度来说，这无可厚非，并不会使它们的技艺遭受缺陷，但从工作的结果来说，只要

灌木石蜂将巢穴建在木本植物纤细的枝梗上，如岩蔷薇、百里香、欧石楠、榆树、橡树等。

外界的事物稍加破坏，整个工程就毫无用处了。它们屈从于生物遗传的本能，年复一年地重复着这些乏味的工作。造成这些结果的根本原因，正是因为它们无法理性思考。

因此，昆虫根本不具备思考、回忆等行为，对于它们来说，工作只是一种习惯性的行为，即使中间被打断，它们也不会停止重来，而是继续进行。当无用功做完之后，它们的生命也就完结了。

劳动所产生的快感是驱使昆虫工作的动力。对于劳动所产生的结果，昆虫没有半点预见，筑屋、打猎、储存食物对于它们而言，不是为了繁衍和生存，而是为了体验快感。当长腹蜂看到蜂房里塞满了蜘蛛时，就会感受到一种满足感，就算卵被偷走，一切都变得毫无用处，它们仍然信心满满地继续捕猎，就像这一切从没发生过。当蜂巢被摘掉拿走了之后，它们仍然乐此不疲地在原地不停抹泥巴。其他昆虫也是这样，指责它们犯了错误是毫无必要的，如果真要给它们加罪名的话，就要按照达尔文所假设的那样，让它们先具备理性，如果它们根本不具备理性，这些指责又有什么意义呢？

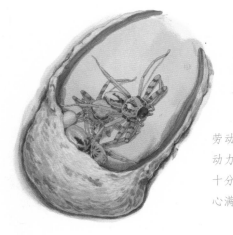

劳动所产生的快感是驱使昆虫工作的动力。长腹蜂看到蜂房里塞满了蜘蛛，十分满意，继续在没有卵的蜂巢中信心满满地继续劳作。

第三章
切割叶子的工匠
——切叶蜂

昆虫档案

昆虫名：切叶蜂

身世背景：蜜蜂总科中长口器的进化类群之一，形似蜜蜂，腹部生有一簇金黄色的短毛，因常从植物叶上切取半圆形的小片带进蜂巢而得名

生活习性：习惯在有阳光的晴天活动，主要采集苜蓿花，是农、林、牧业植物的重要传粉蜜蜂

绝　　技：以大颚为剪子，以眼睛为尺子，以身体为圆规，从植物的叶子上切取小片

武　　器：螫针、大颚

独具慧眼的选材

虽然本能的固执制约着昆虫的发展，但有时候，为了生存与繁衍，它们也会屈从于一些突发情况。为了世代繁衍，它们需要筑巢产卵，而筑巢则是一切后来活动的基础。所以说，在大自然的严酷考验下，昆虫天生就是一名筑巢高手。它们会因地制宜地选择适合自己居住的环境，想尽办法适应环境，而不至于被自然环境所淘汰。

就拿燕雀来说，为了加固自己的巢穴，它们会将细麦秆等干燥的植物秸秆和根须铺在刚刚建好的巢穴雏形中，再往里面加一层轻柔的羽毛，最后再在四周围上一圈厚厚的地衣防护带。要是这中间的某一种或者某几种材料缺乏，燕雀是否就没法进行筑巢活动了？当然不是，它们会灵活地选择别的替代材料，在这方面，它们可是个行家。缺乏干燥的植物根须，

高高的树枝是燕雀筑巢和栖息的乐园，它们在这里生活、歌唱、抚育后代，愉快地生活着。

它们会用长长的胡萝卜须等来代替，或者勉强用一些植物的荆棘也未尝不可。如果缺乏加固外层的地衣，它们会选择用粗糙的苔藓来代替，只要能给孩子一个安稳的家，这又有什么关系呢？

欧洲伯劳以爱好灌木丛而著名，它的窝虽然规模宏大，但通常只用一种材料制成，那是一种毛茸茸的浅灰色植物，在庄稼地里经常能见到，被称为地匙菌属絮菊。正是由于伯劳的这种专一与痴情，才给人们留下了极为深刻的印象。

伯劳为什么就对这一种植物情有独钟呢？难道是出于某种高雅的追求吗？显然不是。在无限广阔的平原上，到处都是生机盎然的絮菊属植物，但在干燥的丘陵地带就几乎见不到这种草的踪迹了。另外，伯劳不会为了寻找筑巢的草飞得很远，它只会在灌木丛或栖息的树附近寻找能够筑窝的材料。也就是说，伯劳凭借卓越的选材眼光，为自己选择了一种最便利的筑巢材料。和燕雀一样，它同样向我们展示了动物在筑巢时选材的重要性。那么，昆虫会不会有如此独到的选材眼光呢？切叶蜂作为一名杰出的切割

伯劳有着高雅的品位，它们对某些植物有着近乎痴迷的偏爱。欧洲伯劳建造宏伟的巢穴时，就只用地匙菌属絮菊和日耳曼絮菊。

淡灰色的切叶蜂以大颚为剪子，以眼睛为尺子，以身体为圆规，认真地剪裁着每一片停留的叶子，它要用这些叶子来筑巢呢。

师，也许会给人们一个满意的答案吧。

经常在花丛中散步的人或许会发现，玫瑰叶和丁香叶上常常留有许多细细的切痕，这是怎么回事呢？原来，它们都是切叶蜂所做出的杰作。淡灰色的切叶蜂以大颚为剪子，以眼睛为尺子，以身体为圆规，在叶子上画圆做圈。它裁下的最大叶片呈椭圆形，是用来缝制巢的底部和内壁的。而盖子则是用最小的圆形叶片做成的。最后，它还要用树叶缝制一个方形的储物坛子，用来存放花蜜和自己的卵。

蜂房筑成后，切叶蜂还得在上面安一个固定的模子，以防止粘连在一起的树叶散掉。到了幼虫织茧时，切叶蜂还会在叶片的缝隙间涂上黏合剂，树叶墙被黏在一起，就不至于倒塌了。

切叶蜂同壁蜂一样，不会直接修筑新的巢穴，总是借用其他昆虫的旧巢，并且会根据自己的需求选择不同的巢。条蜂和卵石石蜂的巢穴、三叉壁蜂曾住过的蜗牛壳，以及神天牛的幼虫在木头里修葺的洞穴，都可以被切叶蜂拿来装修使用。

瞧，一只可爱的切叶蜂趴在宽大的树叶上，小小的脑袋瓜子正在思量，该如何剪裁这片嫩叶呢。

　　切叶蜂的种类不少，我的笔记中对于白腰带切叶蜂的记载比较详细，所以我就来讲一下白腰带切叶蜂如何筑巢吧。

　　白腰带切叶蜂的常居地一般选在蚯蚓钻出的狭长地下通道里，这里仿佛一个雾气腾腾的无底洞，而切叶蜂只使用通道上方约20厘米深处的空间，这样，成虫羽化后，从地下通道爬上来时，便不至于经过太多的坍塌物，从而降低了危险性。那么，地下通道深处的部分是用来防御的吗？可攻击者还可以从后面攻击蜂房啊！

　　切叶蜂是有先见之明的，它在建造第一个装蜂蜜的坛子前，就将大量树叶碎片堆在一起，用来抵御外敌入侵。切叶蜂修葺这道地下屏障时，总是选用脉序粗大、肥硕、毛茸茸的叶片，主要有岩蔷薇叶、葡萄藤的嫩叶、大芦竹的叶、山楂树叶等。而它在筑巢时用的叶子则是光滑的，主要选用野玫瑰花树和普通槐树的叶子。

　　要在蚯蚓钻出的通道里安家落户，就得先在后方筑一道壁垒，建成一道防御屏障。我从一条坑道中取到近一百片排成一堆的蛋卷状叶子，而从另一条坑道里则取出了一百五十片多片。为什么它要在这里堆积如此之多的叶片呢？

我曾讲述过三叉壁蜂，当生命走到尽头时，为了打发无聊的时光，它就开始砌隔墙，把管道分隔成无数空房，然后再用塞子把内部的巢穴堵得风雨不透。切叶蜂筑造这些毫无意义的壁垒，出发点跟三叉壁蜂是一样的，只是卵巢衰竭，不能产卵后的一种无聊表现。所以说，昆虫在本能的刺激下，有时候会做出一些毫无意义的行为。

切割师的筑巢技艺

接下来，我们来看看切叶蜂的筑巢艺术吧。防御工作做好后，切叶蜂就会开始砌一排一排的蜂房。蜂房的数量不等，一般为 5 个或 6 个，最多不超过 12 个。每间蜂房用的叶片分为两种，一种是用作盖子的圆形叶子，一种是用于构筑盛蜜坛子的椭圆形叶子，椭圆形叶子为 8 ~ 10 片。

这些椭圆形叶子大小不等，大点的用于修建蜂房外壁，每一片都交叉着覆盖了外壁的三分之一，蜂房的底部则由凹曲形的叶片构成。小点的

切叶蜂的蜂巢主要是由叶片修筑而成的。为了增强蜂房的防水性，它们会特意在蜂房底部的缝隙处放上两到三片叶子。

叶片用于内壁，用来填补大叶片间的缝隙和装饰内壁。同时，切叶蜂还会在蜂房底部的缝隙处放置两到三片椭圆形叶子，来增加蜂房的防水性。而蜂房封口处的围边由一排叶片组成，墙壁由二到三排叶片建成，这样房子的内径就缩小了，其密封性可以使蜜汁保存完好。

蜂房的房盖用圆形叶片修成，房间不同，叶片的数量也不同，有的只有两三片，有的则有十几片紧紧相贴。圆形叶片刚好搭在槽的边沿上，有时叶片会超出封口一点儿，于是就把叶片弯曲成小盅状，这样就折进封口内了。最先放置接近蜜汁的小圆叶片，其直径的精确度都很高，接下来放置的小圆叶片面积都大一些，数量也很多，它们只有被用力压成凹面才能盖好封口处，而这种凹面可以作为下一间蜂房曲底的模子。

切叶蜂筑成蜂房后，就要在通道的入口处修建一道防御墙。于是，它切割出了一堆形状、大小都不规则，边缘如同天然锯齿一般的叶片，靠着这些重叠的叶片来围成一道坚实的墙壁。

现在，我们来看一下切叶蜂的切割艺术吧。它所居住的居室是由大量叶片构成的，这些叶片有椭圆形叶片、圆形叶片和不规则叶片三类。椭圆形叶片是用来搭建房屋墙壁的，圆形叶片则是用作封顶的，而不规则叶片是用来修葺房前屋后的屏障的。第三种叶片是非常容易获得的，只要从一片叶子上扯下一块凸出部分，就能得到一块边缘呈齿形的裂片，要做好并不难。

而那些能将小坛子装饰得十分精美的材料，也就是椭圆形叶片，要求可就高了。那么，切叶蜂是靠什么指导自己把普通的杨槐小叶切割成椭圆形的呢？又是靠什么来判断怎么剪裁叶片的呢？有人会认为，切叶蜂本身就是一个活圆规，既能切割大张的椭圆形叶片，也能修剪用于填补墙壁空隙的椭圆形小叶片。如果不是注意到下面这些细节，我也许会认同那些想当然的结论。我不太相信切叶蜂可以根据环境自动改变切割的半径和弯曲度，而我从封顶的圆形叶片那里看到的一切，证实了我的判断。

如果切叶蜂依靠自身的弯曲度切出了椭圆形叶片，那么它又是如何切出圆形叶片的呢？这新的轮廓线在大小与形状上都与椭圆形不同，难道说"这台机器"还有其他的模板吗？更令人惊奇的是，这些圆形叶片的精确度极高，基本上都和装蜜汁的小坛子口一样大小。切叶蜂筑好蜂房后，就飞到远处制作封盖。那么，它准备切割圆形小叶片时，是否还记得将要封盖的那只小坛子是什么样的呢？恐怕没有印象了吧，因为它的工作环境根本没有光，所以它压根没有看清过那只小坛子，只能像盲人摸象一般，靠着感觉来感知房间里的一切。

感觉当真如此精确吗？切叶蜂是如何精确知道小圆叶片的尺寸的呢？它切割的小圆叶片如果太大，就难以放进蜂巢口；如果太窄，则会掉进去，使蜂蜜上的幼虫窒息。这一点可难不住切叶蜂，它以极为敏捷的身手切割出了一张圆形叶片，并且与小坛子口大小相当吻合。这真是一个奇迹，在我看来，即使切叶蜂有着超凡的触觉和视觉，并对蜂房有着极强的记忆，也不可能完成如此精准的工作。

一个冬天的傍晚，我和家人说起了切叶蜂的问题。我说："猫把厨房里的一个坛子盖给碰碎了。明天你们去买日用品时，先看一下那个坛子，记住坛口大小，但不要去测量，看能否买回一个大小与坛子口刚好合适的盖子。"

切叶蜂所切割的圆形叶片精准度非常高，不大不小，基本都与蜂巢的开口处一般大。

大家回答说："没有尺寸谁能买到吻合的盖子，至少要有一段和坛口的直径一样长的麦秆才行。或者我们可以带回一个大小差不多的盖子，如果恰好完全合适，那真是走运了。"

其实，对我们来说，在远离居所的地方，一刀就切出一片与坛口大小相吻合的小圆叶片是不可能的。但是，切叶蜂却能不费吹灰之力完成这件事。有人或许会提出疑问："切叶蜂在切割树叶时，难道不会切下一片面积比坛口大的圆形叶片吗？然后发现不合适时，再慢慢切掉多余的部分，直到坛口与盖子相吻合为止。这种行为对切叶蜂来说，是否行得通呢？"

首先，切叶蜂是否能够回过头来对已经切割过的叶片再进行一番切割呢？在没有支撑物的情况下，它是否能再度把小小的叶片精确地削成圆形呢？就如同裁缝想裁出一件衣服，如果没有桌子做支撑，他又怎么能剪出衣服呢？同样，在没有支撑的叶片上是无法裁出合适的形状来的。

另外，除了没有支撑物外，我还有更好的理由加以说明。蜂房的封盖是由一堆小圆叶片构成的，有时多达十几片。我们都知道，树叶正面颜色翠绿、光滑细腻，背面则脉序粗壮、颜色较浅。而封盖上的小圆叶片全部都是正面朝上、背面朝下的。由此我们可以判断出，切叶蜂是按树叶被采来时的样子摆放的。也就是说，切叶蜂是停在叶子的正面切割叶片的，割下后就牢牢地抱住它，叶子的正面刚好贴在切叶蜂的胸口上。在切叶蜂起飞后，根本不可能把叶子翻转过来。这样，叶片被采摘时的样子就是被放下时的样子。如果为了让封盖的直径与坛口直径一样，叶片会被切叶蜂搬运、支起、翻转，这样就不一定是反面或正面朝内了。然而事实上，切叶蜂一开始就剪出了刚好合适的小圆叶片。切叶蜂筑出的蜂房与裁剪的封盖，可以说是它的一个本能奇迹。至于这个奇迹是如何发生的，只能等待科学家的研究了。现在，我再来讲讲另一个故事吧。

长着长角的柔丝切叶蜂常常居住在两个地方，一个是条蜂的旧坑道里，一个是橡树上神天牛的旧巢里。如果神天牛旧巢的位置比较高，而且干净整洁，柔丝切叶蜂就会马上搬到这间被神天牛弃置的居所里。它觉得

柔丝切叶蜂习惯将巢穴建在神天牛弃置的旧居里，这里位置较高，安全性好，而且空气干燥、室内整洁干净，是一个非常不错的居住之地。

这里不仅安全，恒温，而且空气干燥，空间宽敞。它会把自己所有的卵都安置在这里。

我发现了一个大建筑，那里可以容纳17间蜂房，是切叶蜂家族蜂房数最多的一个。在天牛蛹的卧房里筑有大部分蜂房，由于空间过大，蜂房被排成了三列，前厅只有一排，最后砌上一道栅栏隔开。

切叶蜂主要的建筑材料是英国的山楂树叶和铜钱树叶，由于山楂树叶边缘呈尖利锯齿状，难以切割成椭圆形，因此蜂房和栅栏的叶片都是奇形怪状的。似乎切叶蜂对叶片的形状没有太多要求，只要大小差不多就行了，而且也不在乎不同种叶片的衔接顺序，几片铜钱树叶连着几片山楂树叶和葡萄藤叶，后面又接着几片铜钱树叶和荆棘叶。而且，切叶蜂总是凭着喜好随意采集树叶。不过，还是铜钱树叶最多，这也许是为了省力气吧。

铜钱树树叶呈椭圆形，面积不大，只要大小适宜，就会被整张利用，而不会被切成块状使用。切叶蜂把叶柄截断后，就不再裁剪了，而是带着这片叶子高高兴兴地飞走了。

我拆开了两间蜂房，发现里面共有83张叶片，其中用作封盖的小圆形叶片共有18张。可以算出，在17间蜂房里共有740张叶片，另外在天牛辟出的前厅里筑起的壁垒中还有350张叶片。因此，叶片总数应该是1064张。

要把这座居所装饰得漂亮，切叶蜂就要付出辛苦的劳动。切叶蜂总是独来独往，它们在建造巢穴时从来不会集体工作。一只勤劳的切叶蜂，就可以切割出一大堆令人叹为观止的叶片。切叶蜂只有几周的生命，所以它不停地工作着，从来不知道烦恼是什么。

除了赞美这些小家伙的勤劳外，我们还要赞扬它们封闭蜜坛的高超艺术。封盖的叶片是圆形的，与构成蜂房和最后屏障的叶片形状完全不同。也许，除了靠近甜美食物的叶片外，柔丝切叶蜂对于剩下的叶片，就不如白腰带切叶蜂切割得那么细致了，但这十几张叶片重重叠叠足以把小坛

切叶蜂并不只钟情于一种植物，为了节省时间，它们更愿意采摘离
自己比较近的树叶。

子口密封住了。在切割叶片时，小家伙就如同裁剪衣服的女工一样，对自
己的技艺充满了自信。总之，切叶蜂切割叶子用来封坛口的技艺是别具一
格的。

在蜂儿筑巢时，每种切叶蜂都是如何选材的呢？我们通过清点蜂房
里叶片的数目，证实了它们在叶片选用上是多种多样的。

下面是一张建筑材料单，这是根据我家附近的那些切叶蜂所用的材
料而编写的，但还不完全。

柔丝切叶蜂采集铜钱树、葡萄藤、野玫瑰树、圣栎、荆棘、鼠尾草叶、
笃耨香和岩蔷薇等植物的叶片，用来筑羊皮袋、壁垒和封盖。

兔脚切叶蜂总会在我的院子里飞来飞去，它是在忙着采集筑巢的材
料，丁香树叶和玫瑰树叶是它的最爱，当然偶尔它也会采一点儿刺槐树叶
和樱桃树叶。在乡下的时候，我还见过它们用葡萄藤叶筑巢。

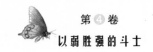

银色切叶蜂也十分钟爱丁香树叶和玫瑰树叶，这和兔脚切叶蜂没什么两样，不同之处在于银色切叶蜂还采摘石榴树叶、葡萄藤叶、荆棘叶和红色欧亚山茱萸树叶。

白腰带切叶蜂对普通刺槐非常偏爱，但也大量使用玫瑰树叶、葡萄藤叶和山楂树叶，以及芦竹叶和开花的岩蔷薇叶。

斑点切叶蜂一般将家安在三种地方，一种是壁蜂破旧的巢里，一种是卵石石蜂的穹顶房，一种是黄斑蜂筑在蜗牛壳里的旧居，它除了采摘野玫瑰树叶和山楂树叶外，也采集其他树叶。

从这份不完整的材料单里，我们可以看出切叶蜂对植物的喜好并不专一。每一种切叶蜂都会采用好几种外观不同的树叶，但离家近是满足切叶蜂采摘的一个首要条件，为了节省时间，切叶蜂是不会跑到很远的地方采摘的。每当我发现一个切叶蜂筑的新居时，就会在附近找到它的采料场。

还有一个重要的条件是，对叶片质地的要求。最先用作封盖的叶片和蜂房内壁的叶片都必须细腻而柔软。其他的叶片质地可以稍微差一点，制作也不用太精细。叶片的韧性要好，能够很容易卷曲成与坑道相符的圆柱体。由于岩蔷薇的叶子厚，又凹凸不平，所以当切叶蜂无意间采了几片岩蔷薇叶筑巢时，发现不合适，就停止采集了。

柔丝切叶蜂不会去采摘成熟后的圣栎叶，因为这时叶子会变得坚硬，只有在圣栎还没长大时它才会采摘少量的嫩叶用。丝绒般的葡萄藤叶子，是上好的筑巢材料。

兔脚切叶蜂喜欢在丁香树丛中采摘原料，那里的叶片宽大而光滑。这些灌木是柴胡属植物、针尾类假叶树属、金银花和黄杨等。只要将黄杨叶柄切断，就有了一张现成的好叶片。不知切叶蜂为什么偏爱丁香树，而对柴胡和忍冬不屑一顾呢？也许它们是不喜欢这些太硬的材料吧。

此外，决定切叶蜂选材的因素，就只有灌木的覆盖率了。因为山楂树和野玫瑰树遍布山林，而人们又普遍种植葡萄，所以切叶蜂大量使用这些叶子。当然，切叶蜂对许多不同种类但效果相同的材料也不会忽视的。

切叶蜂筑巢时，会根据自己的需要选择一种主要植物，但也不会抛弃其他材料。聪明的它们只选择适宜的材料。

有人说，隔代遗传使前代的个体习性被一代一代相传，并固定下来。那么，我们家乡的切叶蜂如果经过几百年的教育，不就成了植物学家了吗？当它们的种族遇到从未见过的植物时，它们会拒绝开发吗，尤其是附近就有它们的采料场时。所以，我们要特别注意这个问题。

银色切叶蜂和兔脚切叶蜂给了我答案。这两名切割师常去玫瑰树丛和丁香树丛中采摘叶子。于是，我在这两个地方分别种了两种质地柔软的植物，一种是来自北美洲的维吉尼假龙头花，一种是产自日本的阿蓝斯树。后来，那两种切叶蜂都在新的植物上采摘叶子了，而且和原先一样勤劳。如果单凭古老的习惯，它们就不会如此得心应手地采摘这种新材料了。

银色切叶蜂在我的芦竹蜂箱上安了家，于是我把芦竹蜂箱移到迷迭香丛中，给它创造了一个采料场。迷迭香的叶子比较薄，不是筑巢的好材料，于是，我在蜂箱旁放了几株印度一年生植物长辣椒和墨西哥总状花序罗皮菜。我发现，这名切割师好像特别喜欢罗皮菜，整个蜂窝几乎都是这种材料，只有很少一部分选用了长辣椒。

还有一种切叶蜂不请自来，我就顺便也对它进行了研究。我不知道在没有天竺葵花的情况下，它怎么安家。然而，它居然裁剪起一种刚从开普敦买来的异国花儿，仿佛整个种族就是开采这种花儿的。

　　根据上面的观察，我可以肯定地说，切叶蜂为了砌筑装蜜的小坛子，都会根据自己的需要选择某一种植物，但也不会抛弃其他材料。在切叶蜂的采料场里，它们只选择适宜的材料。因此，它们采摘的植物范围几乎无法统计。

　　切叶蜂这些毫无征兆的突变不由得让人发出疑问。有人说，本能是通过长时间的学习，一点一点获得的。但是，切叶蜂告诉我们，尽管筑巢艺术恒久不变，但细节上的创新则是灵感的突现。尽管切叶蜂采集的叶子种类繁多，但它们在筑巢细节上的恒定性是永远不变的。瞧，这是一名多么出色的建筑师呀！

第四章

采集绒毛的编织者

——黄斑蜂

昆虫档案

昆虫名：采绒黄斑蜂

身世背景：属于昆虫纲膜翅目动物，能够编织毛囊，与摺翅小蜂是天敌，以吸食植物蜜汁为食

生活习性：习惯在狭窄幽深的墙缝里、芦苇管里或者空心砖里居住，会将植物绒毛织成的地毯铺在巢穴地板上

绝　　技：编织棉囊、建筑巢穴

武　　器：螫针、足、大颚

黄斑蜂完美的家居设计

在选择筑巢材料方面，切叶蜂是个天才，而黄斑蜂也是这方面的佼佼者，它会为自己的巢穴选择柔软的植物绒毛作为建筑材料。我们这里常见的黄斑蜂有冠冕黄斑蜂、佛罗伦萨黄斑蜂、肩衣黄斑蜂和色带黄斑蜂。它们只会将植物绒毛织成的地毯铺在已有的房屋里，但不会亲自建造新巢穴。它们到处游荡，各自随意地在其他一些昆虫的住宅里安家。

肩衣黄斑蜂对一些髓质枯竭的干荆条比较钟爱，这些荆条总是被各种会钻孔的蜜蜂钻出一条孔道。芦蜂在那些会钻孔的蜜蜂中算是首屈一指，身材矮小的它们是强有力的枯木钻探大师，和木蜂不相上下。佛罗伦萨黄斑蜂在体形上是黄斑蜂中的佼佼者，对面具条蜂宽敞的通道比较喜爱。而冠冕黄斑蜂则钟爱于蚯蚓简陋的居室或毛足条蜂的前厅，如果找不到这些地方，它就会住进卵石石蜂那残垣断壁的穹屋中，这一点同肩衣黄斑蜂差不多。

一次，我发现一只泥蜂与一只色带黄斑蜂合住在一个屋檐下，它们虽然在一个沙地孔穴里居住，却能够相安无事。色带黄斑蜂一般喜欢居住在狭深的墙缝里，除了占用其他昆虫的居所外，它们也喜欢芦竹管、空心的砖或者内部弯曲的门锁等等。

现成的居所对黄斑蜂来说，具有强烈的吸引力。能够不劳而获，它们当然求之不得。接下来，让我们从几名筑巢者那里寻找一下原因吧。

条蜂在被阳光烤得坚硬的岩屑堆中挖出了一条坑道和蜂巢。然而，它只是在挖掘，而不是在筑巢，它仅仅是在打扫其他昆虫留下的旧房子。它操着自己的大颚，用力地挖掘出运输食物的小道和产卵用的蜂房。接着，它开始磨光坑道和蜂房中粗糙的内壁，然后抹上一层灰泥。经过辛勤劳作，条蜂的新居就落成了。

采集绒毛的编织者——黄斑蜂

炎热的阳光下，条蜂操着自己的大颚，正在用力挖掘着运输食物的小道和产卵用的蜂房。经过一番辛苦劳作，它的新居终于落成了。

如果让条蜂采集绒毛植物做地毯，垫在可以盛蜜汁花粉团的囊下，会怎么样呢？这恐怕光靠条蜂的力气是办不到的。而且繁重的挖掘工作已经使它没有闲情去装饰家居了。因此，不要奢望它的新居会是多么奢华了。

木蜂也给了我们同样的答案。它也没有时间像柔丝切叶蜂那样慢慢地装饰自己的居所。因此，经过了艰辛的钻孔工作后，木蜂就只用木屑把孔道分成几个简单的居室，便草草地和家人住进去了。

艰苦的建房工作和装潢的艺术化工作，是两种截然不同的工种。昆虫就如同人类一样，建筑师不会去装饰房子，装潢师也不懂得建造房屋。只有通力合作，才能完成这一宏伟工程。可见，编织棉囊的黄斑蜂和拥有叶篓的切叶蜂是不需要占用一个现成的居所的。如果其他昆虫艺术家需要一个落脚的地方，我就会向它们提供一个现成的居所。比如，在虞美人花上安家的织毯蜂，就必须依靠像蚯蚓钻出的地下通道这样的现成居室，来进行它的艺术装饰。

从黄斑蜂的房屋就可以看出，它的建造者不可能同时是一名勤劳的挖土工。用雪白棉花铺上的棉地毯和没有涂蜜汁的棉囊，是色带黄斑蜂筑巢艺术的优雅体现。那么，它是如何将绒毛编织成毯子，然后再箍成蜜囊的呢？想要观察黄斑蜂的筑巢艺术，似乎不太容易，虽然我尝试让它在光天化日之下工作，但还是没能成功。

佛罗伦萨黄斑蜂、冠冕黄斑蜂和堰毛黄斑蜂都比较喜欢我的芦竹蜂箱，尤其是冠冕黄斑蜂。于是，我用玻璃管替代芦竹茎，这就使黄斑蜂的艺术创作可以一目了然了。在观察拉特雷依壁蜂和三叉壁蜂时，这个方法非常管用，而且它们生活中的所有细节都被我一览无遗。但这个方法在观察黄斑蜂和切叶蜂时失效了。蜂箱中的玻璃管装了4年，黄斑蜂和切叶蜂却一次都没在上面筑过巢，它们更偏爱芦竹屋一些。也许有一天，我会迫使它们按照我的想法去筑巢。

现在，看一下我的观察吧。当黄斑蜂在芦竹中筑起几间蜂房后，就用一团厚厚的毛糙绒毛球将大门封住，这个绒毛球的作用就如同三叉壁蜂的泥垒、切叶蜂切碎的叶片、拉特雷依壁蜂嚼烂的碎叶团一样。房客们都会将居所的大门紧闭，虽然它们只占用了居所的一部分空间。而筑造屏障的过程，从外部就可以看清楚。

终于，我看到黄斑蜂带来了绒毛球，开始制作围墙。它用前足把绒毛球撕碎、展平，然后用大颚一张一翕地把绒毛球向里外不停地抽戳。这时，绒毛会变得十分柔软。最后，它再用前额把一层新的绒毛再揉到第一

一只黄斑蜂正在芦竹中辛勤筑巢，此时，它已经建好蜂房，正在用一团厚厚的绒毛球封堵蜂房的大门，做好最后的防护工作。

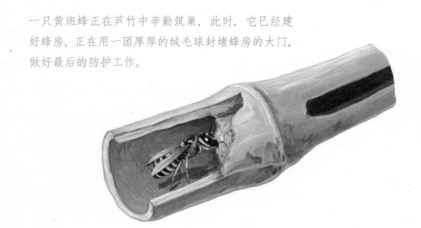

层上。做完这些工作，黄斑蜂就飞出去，找到另一团绒毛带回来，再次重复刚才的操作，一直到绒絮壁垒和出口一样平为止。从这上面我们了解到了黄斑蜂筑巢的大致过程，它先用足梳理好绒毛，再用大颚进行细分，最后用前额将其压紧，这样棉囊就编织完成了。大致的筑巢过程就是如此，但我们怎样才能了解到其中的艺术奥妙呢？

冠冕黄斑蜂经常飞到蜂箱里，我破开一段约 2 厘米长、直径 12 毫米的芦竹来观察它。由一列 10 个蜂房组成的棉囊占据了它的底端，蜂房之间没什么分界线，仿佛整个是一个圆柱体。此外，各个蜂房都相互粘连着黏合在一起，如果拉扯圆柱体一端，虽然不能扯散这棉花建筑，却会扯下一间蜂房。看上去，一个圆柱体似乎只有一间蜂房，而实际上是由许多蜂房排列而成的，除了最底端的那间蜂房，其它每间都是单独建造的，并且相互独立。

要想知道蜂房的层数，就必须剖开黄斑蜂那些充满了蜜汁的蜂房，要不就等到结茧时，通过点数它们封顶时形成的结节数来计算蜂房数。黄斑蜂的筑巢模具就是一节芦竹茎，我从正在筑巢的色带黄斑蜂那看到，要是没有芦竹茎作为模具，来规范棉囊的形状，黄斑蜂还是可以筑出一个顶针形的棉囊的。棉囊筑好后，黄斑蜂就准备在里面储存食物和产卵了，最后便是给蜂房封顶。

黄斑蜂所用的封盖，和切叶蜂的一堆小圆叶片不同。黄斑蜂先用一块绒絮蒙住棉囊口，绒絮边缘与出口边沿黏合在一起，这就使蜜囊和封盖紧密地粘连为一体了。一间蜂房筑好后，黄斑蜂就在上面修筑第二间蜂房，这间蜂房的地板是独立的。在开始这一工作前，它会先将第二间蜂房的地板与第一间蜂房的天花板相黏合，照此类推，直至完成。最后，所有蜂房都被结合为一个连续的圆柱体。

现在，让我们看一下芦竹顶部，那里排着 10 只圆柱体形状的茧，还剩余一段 5 厘米多长的空间。芦竹口被黄斑蜂塞了一大团绒絮，这团绒絮既粗糙又不洁白。这样，整个建筑就竣工了。封盖上的材料虽然不够细腻，却比较牢固。

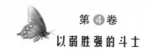

封堵好蜂房的大门后，黄斑蜂会在芦竹前端留
一点儿空间，再用一堆碎屑填满，因此蜂房就
有了双重屏障，很难被入侵。

    我发现，昆虫在建筑巢穴时，会在不同地区使用不同的材料，由此
我们知道，这些聪明的小家伙是利用材料的高手，知道哪一种材质放在哪
一处地方更为合适。为了呵护宝宝娇嫩的身子，雌蜂就会在产卵室内铺上
柔软的材料，用精细的棉絮为孩子织上一床棉被。而为了封紧大门，它们
便在大门口放置了硬树枝上的星形须毛和蒺藜。

    当然，黄斑蜂的防御系统并不仅仅只是这道防御屏障，而肩衣黄斑
蜂是不会在芦竹前端留一点儿空间的。在筑巢完成后，它就从蜂窝附近捡
来一些沙砾、小土块、木屑、碎叶、蜗牛的干粪便和砾石等，立即堆在空
着的前厅里。这一大堆碎屑把芦竹给塞满了，只在离芦竹口 2 厘米左右处
留些空隙，预留给最后一团棉塞。入侵者是难以穿越双重屏障的，但入侵
者总是会绕开障碍。比如，摺翅小蜂会飞来，寻找裂缝，然后将它长长的
探针戳进芦竹茎内，把它那可怕的卵输入到里面，最终把里面的居民全部
歼灭。肩衣黄斑蜂千辛万苦修筑起的防御体系，就这样被瓦解了。

    当昆虫不再产卵时，它仍将采摘绒毛，做成棉毡，堆成壁垒。有时，
我们会见到有绒毛封口的芦竹，但里面空空如也。有时，蜂房里还会有一
两间没有美食和蜂卵的空房子。强烈的筑巢本能驱使着昆虫完成这些毫无
意义的工作，直到生命行将结束为止。

幼虫的成长历程

现在，让我们来看看冠冕黄斑蜂蜂巢内的景象和美食吧。冠冕黄斑蜂蜂巢内的食物是甜美的蜜汁，呈淡黄色，浓稠的半流质体，这样就不用担心蜜汁会透过不防水的棉囊向外渗漏。昆虫产下的卵就浮在这堆流质体的表面上，而头则埋进了花粉团中。其实，观察幼虫的成长是一件有趣的事。为了便于观察，我将棉囊侧翼剪开了一部分，然后再把这间已被剥开的蜂房放置到一根玻璃管中，这样就可以看到食物和吃食物的小家伙了。开始的几天，那个可怜的小家伙总是将头扎进美食中吮吸着蜜汁，并一点一点长大。直到有一天，问题终于出现了……在研究幼虫的卫生习惯前，我们还要先弄清楚一些表面现象。

如果幼虫靠母亲堆在狭窄餐桌上的食物养活自己，那就必须养成一些卫生习惯。可是，幼虫又怎么懂得这些呢，它觉着哪儿好就去哪儿，能找到什么就吃什么，并到处排泄粪便。但在满是食物的房间里，幼虫将如何排泄粪便呢？

其实，昆虫们都有各自的解决办法。有些昆虫是吃完所有食物后才排便的。比如泥蜂和条蜂，为了不污染食物，它们会一直忍到吃完所有食物，才将积聚在肠中的粪便一次性排出。

还有一些昆虫，如壁蜂，会采取折中的方法来解决。它们会在吃掉巢中一部分食物后，在食物留下的多余空间中排泄废物。另外，有一些昆虫本身可以加工粪便，它们把粪便变成可用于建筑的砾石，百合花负泥虫就用自己柔软的粪便做了一堵避暑的墙。

但冠冕黄斑蜂与众不同，它用自己的粪便造出了像优雅的马赛克那样的镶嵌艺术品，而且你根本看不出来这些艺术品的原材料是什么。透过玻璃管，我们可以看到它的这一艺术杰作。

黄斑蜂的幼虫进食过程中就开始排便，并且用臀部把排出的粪便拱到蜂房边缘，然后吐出一些丝，将粪便束缚起来。

    黄斑蜂把食物吃掉一半时，就开始不停地排便，一直到吃完食物为止。它的粪便呈淡黄色，如同大头针的针头那么大。幼虫排出粪便后，就用臀部把它们拱到蜂房边沿，然后吐几根丝把它们束缚在那里。于是，粪便与美食被分隔成两部分，丝毫不会污染食物。最终粪便在幼虫四周堆积成一道小山，这种掺杂着丝状物的粪便制成的顶篷，就是蛹室的毛坯，砾石在没有使用前就堆在那上面。这样，在把粪便加工成艺术品之前，美食都是不会被污染的。

    把不能扔出去的垃圾悬挂在天花板上，从而避免污染食物，这种做法已经很高明了，更不用说将它制作成艺术品了。等到蜜汁吃完后，幼虫开始织茧。它先将一层纯白色丝纱衣披在身上，然后用一种黏胶漆染成淡红棕色，这层网眼稀松的纱布衣就织成了。它越来越接近悬挂在脚手架上的粪粒，最后将粪便嵌入这层纱衣中。泥蜂、大唇泥蜂就是这样用沙粒来加强蛹室的纬纱结构的。

    而棉囊里的黄斑蜂幼虫只能将粪便当成沙砾使用。可是，它的艺术品丝毫不逊色，没有亲眼目睹这件艺术品形成过程的人，是不会知道它的材质是什么的。但现在，我们不得不发出由衷的赞叹，它竟然是由粪便制作出来的精美艺术品。此外，虫茧头部的一端是短短的圆锥形突起，尖端被钻了一个窄孔，使里外相通，这是所有黄斑蜂共有的艺术特色，但在其他昆虫那里就见不到了。

为什么幼虫让这个圆锥形突起裸露着呢？为什么这个窄孔是畅通无阻的呢？我通过这个小的窟窿，目睹了幼虫的活动情况。首先，我们还是来看一下筑巢的材料来源吧！我发现我家附近的各种黄斑蜂在采摘绒毛植物时，并不会过度挑剔。菊科植物中的回锥花序状矢车菊、两至生矢车菊、蓝刺头、日耳曼絮菊和大鳍蓟蜡菊，茄科的毛蕊花属植物，还有唇形科的黑臭夏至草、普通夏至草和假荆芥属，都为黄斑蜂提供着自己的绒毛。

我记录下的黄斑蜂采集植物的名单虽然不全面，但它包括了好几种不同外观的植物：宽大的蔷薇花饰与矢车菊瘦小的叶片；伊犁大翅蓟长着高大粗壮的枝干与头状花序蓝刺头细小的茎；鼠尾草上浓密的长须毛与蜡菊上的短绒毛，这些植物在形态上一点也不一样，但对黄斑蜂来说，它们是一样的，黄斑蜂只看重绒毛的质量。

除了绒毛要精细外，黄斑蜂还要求采摘的植物是干枯的。因为鲜活的绒毛充满了汁液，很容易霉变，所以黄斑蜂从不在鲜活的植物上采集绒毛。

黄斑蜂非常珍惜自己选定的植物，它会在上次采摘后的植物上继续收集绒毛。

　　黄斑蜂非常珍惜选定的植物，它会在上次采摘后的植物上继续收集绒毛。它先用大颚刮着植物茎上的绒毛，然后把绒毛慢慢传到前足，前足就把这个小绒球紧紧搂在胸前，不断积聚的绒毛最后被揉成一个小圆球。当这只绒球积攒到小豆子那么大时，它就用大颚叼起来飞回家了。如果它还没有开始加工棉囊，几分钟后，它就会回到原处接着收集绒毛。它在收集食物时会停止绒毛的采集，中断一段时间后，只要曾经采集的植物上还有须毛，它就会回到那里继续搜刮。这似乎会持续到采集建筑隔墙的粗绒毛时才会结束，而筑造巢的纤细绒毛往往和筑造隔墙的粗绒毛一同采集。

　　在当地，黄斑蜂采集绒毛的植物种类非常多，但黄斑蜂会不会在那些不熟悉的异国植物上采集绒毛呢？我已在阿尔玛种上了巴比伦矢车菊和南欧丹参鼠尾草。这时，芦竹蜂箱内的冠冕黄斑蜂将矢车菊和鼠尾草当成了采料场。

　　南欧丹参鼠尾草是一种普通的野菠菜，在我播种它前，塞里昂的黄斑蜂从来没有见过它的绒毛。我首先引进的是巴比伦矢车菊，可是黄斑蜂在这种植物上采集的绒毛并不多。它的茎秆非常粗壮，一簇簇黄色绒球长在3米高的地方，宽大的叶子平展在地下。面对巨大的巴比伦矢车菊，黄斑蜂是否会占领它呢？

　　在芦竹蜂箱旁边，我放了几株晒得恰到好处的巴比伦矢车菊和南欧丹参鼠尾草。冠冕黄斑蜂很快就发现了这意外的植物。在筑巢的三四个星期里，每天我都看见它在两株植物上采集绒毛。它似乎对巴比伦矢车菊更钟爱一些，这也许是因为这种绒毛更纤细、更洁白、更浓密吧。

　　我观察切叶蜂时得出的结论，从采集绒毛的黄斑蜂这里再次得到了证明。不管植物是异国的还是本土的，黄斑蜂都不会加以区别，只要可以用作筑巢材料，它都会欣然接受。昆虫对筑巢材料的选择，根本就不需要实践和学习。

第五章

天赋异禀的建筑师

——壁蜂

昆虫档案

昆 虫 名：壁蜂

身世背景：是苹果、梨、桃、樱桃等蔷薇科果树和猕猴桃等水果的优良传粉昆虫

生活习性：喜欢在树莓桩上安家，卵要经过羽化后才能变为成虫

居　　所：居住在树桩中，居所内部有一个铅笔粗细的巷道，会随着时间而发生改变

绝　　技：在树莓桩上挖通道

壁蜂精美的筑巢艺术

我们知道，每一种在人类居所栖息的动物，在人类没有房屋之前，一定会在外面筑过巢。就拿我们经常提到的长腹蜂来说吧，对我来说，长腹蜂的原始居住所究竟在哪里，一直是个谜。我苦苦研究了它近三十年，结果仍然一无所获，在我的坚持不懈努力下，我终于找到了答案。

塞里昂地区有一个古采石场，上面堆积了几世纪的废弃无用的材料，到处是碎石子。在我翻石子的时候，有三次看到了长腹蜂的巢。在外面受风吹日晒的蜂巢，结构和我们屋子里的一模一样，有两只贴着碎石，安在一堆石子深处，其中的第二只固定在平坦的大石头上。然而，在危险的区域做巢，这名"艺术家"并没有对蜂巢有任何加固，筑巢的材料仍然是那种可塑性的泥巴。它们的巢和壁炉内的并没有什么区别。

在人类还没有建造房屋居住以前，那些在人类居所上筑巢的动物，一定在野外筑过巢。

还有一点值得注意，我见到石子堆底下的3只蜂巢都有点儿惨不忍睹。它们湿湿的，软得像泥里挖出来的，已经不适合居住。这些蜂巢坏掉的原因是有水渗入，它们没受到好好保护。如果再下点雪，情况会更糟糕。于是，这些蜂巢开始损坏，茧半露在外面，成了强盗们的战利品。如果这时有一只田鼠经过，那么它无疑会成为田鼠的一顿美味大餐。

面对这些，我心里产生一个疑问，在寒冷的冬天，长腹蜂在这里筑巢可行吗？如果它们将巢安在乱石堆中，能确保安全吗？这不得不令人怀疑。在如此恶劣的条件下筑巢是非常少见的，这里危机四伏。假如气候开始变得恶劣，那么长腹蜂就无法生存了。那么，这些是不是可以证明长腹蜂是从一个干燥少雨的国度迁移来此的？

我很愿意想象长腹蜂来自炎热的非洲。很久以前，它们经过重重困难，飞越西班牙和意大利来到法国。听说在非洲，它们喜欢将巢穴安置在能够挡风雨的朝阳石头下，它们也不讨厌人类居所，并且能够在这里安静地生活。在马来西亚，长腹蜂也经常会到人类的居所做客，跟在我们这儿一样，它们也喜欢迎风飘动的窗帘。从世界这边到那边，所有长腹蜂都喜欢吃鲜嫩的蜘蛛，喜欢筑泥巢，喜欢能遮风避雨的屋子。

勤劳的长腹蜂喜欢吃新鲜的蜘蛛，喜欢筑泥巢，喜欢能遮风避雨的场所。

干枯的蜗牛壳是壁蜂隐居的好地方，瞧，一只壁蜂正在认真修葺自己的房屋呢。

以长腹蜂为例，我们了解了昆虫选址筑巢的丰富性与多样性，知道了昆虫是凭借着高超的鉴别力来选择筑巢之处的。巢址的多样性与蜂房结构的多样性相比，前者更为明显一些。在这一点上三叉壁蜂的选址鉴别力就比较突出。由于它们筑巢所用的泥土非常容易被雨水侵蚀，因此它们向长腹蜂学习，要寻找一个现成的、稍微打扫一下就可以居住的干燥蜂房。

我发现，石堆下的蜗牛壳是它们隐居的好地方。此外，它们还利用棚檐石蜂或一些低鸣条蜂、面具条蜂、黑条蜂的旧巢来安家。

三叉壁蜂发现芦竹后，会将它当成一件珍爱的稀世珍宝。但是，壁蜂却完全不懂如何在禾本科植物壁上钻孔，因而，这些粗壮中空、圆柱形茎秆的芦竹，对三叉壁蜂来说，其实是没有一点儿用处。只有当茎秆的节间稍微有点裂开时，壁蜂才能钻进这根芦竹里加以利用。还有一个关键的地方，那就是一段芦竹的横截面必须是水平的，要不然雨水就会流进去，将泥巢浸湿，并致使其坍塌。另外，这段芦竹还必须与潮湿的地面有着相当的距离。然而，要在自然界中找到如此合适的芦竹，几乎是不可能的，除非有人为的加工制作。事实上，在人类将芦竹劈开，用作编织晒无花果干的筛子之前，壁蜂的祖先可一点都不知道有这么个好地方的。对它们来说，这其实是个完美的居所。

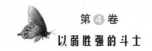
从一个居住环境到另一个居住环境，是一代又一代壁蜂经过尝试与舍弃，直到最后确认这是自己想要的结果为止。难道说昆虫在选择居所时就是这样过渡的吗？或者说，当它们发现某段芦竹适合居住后，就不假思索地抛弃了古老的居所蜗牛壳吗？这些困扰着我们的谜团，现在已经解开了，让我们来看看这些谜底吧。

人们很早以前就在塞里昂附近开采粗石灰岩，罗讷河谷中地质的特点就是粗石灰岩。我在阶梯形沟壑的碎石中翻拣到一枚银质圆锥形的马赛奥波尔，上面印着一只四辐条的车轮。另外我还发现了一些铜币，上面刻有奥古斯特大帝或迪贝尔头像。就在这片石头世界里，或在蜗牛壳里，隐居着各种膜翅目昆虫，尤其是三叉壁蜂。

采石场位于大高原上，附近一片荒芜，气候也极为干燥。在这种特殊的环境中，对于依恋着出生地的壁蜂来说，温暖干燥的石子堆和舒适的蜗牛壳就是它们理想的居所，它们根本没有必要跑到远方去寻找什么栖息地。当然，除了碎石之中的蜗牛壳，它们恐怕再也找不到其他更合适的居所了。这仿佛是在告诉我们，采石工人曾和壁蜂的祖先生活在一起。很可能事实就是这样，采石场壁蜂已经习惯于使用蜗牛壳居住了。由于一辈辈留传下来的习惯，它们仿佛根本就不知道芦竹是什么东西，更不知道在那里居住有多么舒适。

冬天时，我收集到了20多只蜗牛壳，里面有很多蜂类寄居。我像当初研究昆虫性别分类时所做的那样，把它们排放在书房的一个安静角落里。小蜂箱由一段段的芦竹装配起来，它的正面凿有40个洞眼。我把有壁蜂居住的蜗牛壳放在了五排圆柱芦竹的底下，然后往里面放入一些小石子，这样可以更好地模拟壁蜂居住的自然环境。同时，在这堆石子中，我还放入了各种蜗牛空壳。我已经将这些蜗牛空壳的内部清理干净了，以便让壁蜂有一个更好的居住环境。筑巢时节到来后，我就在壁蜂出生的屋子旁边，分别放置了两种住宅，一种是壁蜂从来没有居住过的新居所——圆柱形芦竹，一种是它们习惯的旧居所——蜗牛壳。不知道这些刚生下来的小虫子

在发现了芦竹这个更加不错的居住场所后，大多数壁蜂选择了这里，只有少数一些顽固分子还固守着蜗牛壳。

会选择哪种居所呢？

最终，随着蜂巢的逐渐完工，壁蜂们给了我最后的答案。我已经迫不及待地想要看一下蜂巢的分布情况了。只见大多数壁蜂都把巢筑在了新的环境里，只有少数的一些仍然固守着蜗牛壳，还有一些则分别把卵产在蜗牛壳和芦竹里。在勘察过芦竹并确认是一个不错的居住环境后，壁蜂就毫不犹豫地在这里安家了，对于祖先长期实践流传下来的经验教训完全没有放在心上，而且也不用学习和摸索，就那样在一个与螺旋形洞穴没有丝毫相同之处的平面上，进行着它们那更为宽敞的伟大艺术，仿佛是一个天生的建筑师。

就这样，壁蜂祖祖辈辈通过漫长学习逐步积累起来的经验，以及遗传因素的影响，居然在一夕之间瓦解了。它们和它们的祖先都不知道实习是什么，就一跃成为天赋异禀的建筑大师，而且具备了筑巢所需的全部艺术，其中属于本能范畴的艺术是不可改变的，而另一些属于鉴别力的艺术则是灵活多变的。

将几个泥巴屏风竖在这间免费的大房间里，就隔出了几个小房间，

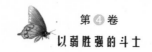

然后再把一堆掺和了甜美蜜汁的花粉放在房间中间卵巢所在的位置，之后再为那些自己看不到的子女准备粮食，最后把整个房间贴上一层厚厚的封条，这些也许就是壁蜂本能的一面吧。在这方面，一切都已事先安排好了，昆虫只要跟随它本身盲目的冲动，就可以将整个烦琐的工程顺利完成。

如果壁蜂能够遇到免费的住所，无论是卫生条件还是形状和体积，都会与他所需要的有所不同，而它只靠本能是不会进行选择和组合的，那么自然就会有危险了。如果壁蜂想要应对这复杂多变的环境，它就需要区别干与湿、隐蔽与暴露、坚固与脆弱，还要判别居所的价值，并按照空间的形状和大小进行规划。这就是它们所具有的鉴别力。在这方面，筑巢技术上的轻微变动是必要的，甚至是不可避免的。昆虫的学习并不靠已有的习惯，这是它们的拿手好戏。

壁蜂的智力虽然非常有限，但有时还是会闪现出一些灵动的光辉。它们向我们展示的精美的筑巢艺术，并不代表它们所具有的全部本领，在它们的身上还有一些我们不知道的潜能。如果没有特殊情况，也许接连好几代壁蜂都用不上这些潜能，但是一旦到了需要运用的时候，这些蕴藏在身体深处的潜能就迸发了出来。人们只知道石子堆下的蜗牛壳里住着壁蜂，不知是否还会想到它竟然可以在一段翠绿的芦竹、一根透明的玻璃管、一根废弃的纸管内筑起美丽的家园？同样，如果人们看到可爱的麻雀在人类的屋檐下筑巢安家，不知是否还会联想到树梢上有一个工艺精巧的雀巢？生活在荒芜的采石场里的壁蜂，不再眷恋那间简陋的蜗牛壳，而是快乐地搬进了我为它们用心创造的新家。同我相邻而居的麻雀，一昂头就从屋顶飞到了那棵高大的法国梧桐树上。这两个现象说明，动物筑巢艺术的改变具有着强烈的自发性和突然性。有时候，我们不得不由衷地佩服它们那精湛的记忆和灵巧的光辉。

第六章

采集树脂的镶嵌工

——采脂蜂

昆虫档案

昆虫名：采脂黄斑蜂

身世背景：属于昆虫纲膜翅目动物，因为喜欢采集树脂而得名，常见的有好斗黄斑蜂、七齿黄斑蜂、拉特雷依黄斑蜂和四分叶黄斑蜂几种

生活习性：习惯居住在干枯的蜗牛壳内、泥土中或者大石头下，喜欢采集树脂

绝　技：能够采集树脂筑巢，具有精湛的筑巢技术

武　器：螫针、大颚

采集树脂的黄斑蜂

　　意大利解剖学家法布里休斯给黄斑蜂分类作了定位，并给这一昆虫取名为"黄斑蜂"。但如果法布里休斯知道它们用绒毛筑巢，也许会为它们取个不一样的名字。而我却喜欢称它们为"采绒蜂"。我的家乡生活着两种黄斑蜂，它们的工作内容是完全不同的，一种只采集绒毛，而另一种只采集树脂，对绒毛完全不感兴趣。我给后者命名为"采脂蜂"。

　　我在沃克吕兹的好几个地方共发现了四种采脂蜂：好斗黄斑蜂、七齿黄斑蜂、拉特雷依黄斑蜂和四分叶黄斑蜂。好斗黄斑蜂和七齿黄斑蜂在旧的蜗牛壳里栖身，拉特雷依黄斑蜂和四分叶黄斑蜂栖身于泥土中或大石下。

　　我在采石场的碎石堆里找到两种寄宿在蜗牛壳中的采脂蜂。田鼠在餐后常会留下一大堆空蜗牛壳，给蜂儿提供了居所，所以常常可以发现被塞满烂泥和被树脂封住的蜗牛壳。两种蜂儿辛勤地劳作着，一钟用树脂黏合剂，另一钟用黏土。采石场的杂物成了天然的庇护所，大量的蜗牛壳又为它们提供了充足的住所，这为两种蜂儿同室而居创造了有利环境。在这里，那两种蜂儿经常去同一个碎石堆。于是，我整个下午都在搬运石头寻找着，累得腰背和手指疼痛，然而只要能够找到12只壁蜂窝和2只或3只采脂蜂巢，我就得尝所愿了。

　　采脂蜂经常将巢穴筑在空的蜗牛壳中，它们用烂泥和树脂封住干枯的蜗牛壳，如愿以偿地住进了这个舒适的居所。

最先羽化的是七齿采脂蜂，从四月开始，它就在采石场的垃圾和栅栏的矮墙中盘旋着，寻找着可以安家的蜗牛壳。七齿采脂蜂早早地就开始筑巢，并且与正在筑巢的壁蜂比邻而居，这对七齿采脂蜂是非常有好处的。但这种邻里关系，会使晚出生的采脂蜂处于危险之境。

采脂蜂的居所一般是已经成形或正在生长中的轧花蜗牛壳，而不常见的草地蜗牛和森林蜗牛壳也是它们愿意选择的住地。只要还有别的蜗牛壳，并且空间充足的话，采脂蜂都会加以利用。这次，采脂蜂居住在黏土蜗牛壳里，这种蜗牛壳非常大。

采集树脂的镶嵌工——采脂蜂

这种蜗牛壳的最后一圈螺旋，从开口处起有 3 厘米长，里面什么也没有，然而在 3 厘米深处却有着一层隔墙。在有花纹的螺壳里，洞穴总是被迅速扩大，因此蜂儿只得把巢建在靠后的地方。这样的话，我就得在螺壳的侧面开一扇天窗，才能看到里面最后的隔墙。可见，隔墙的位置是由通道直径的大小决定的。蜂房需要有一定的长度和宽度，才能让雌蜂在壳中自由上下。当通道直径非常合适时，蜂儿就会占据最后一圈一直到螺口处，于是螺口处的蜂房封盖就会完全裸露在外。想要看到这种情形，一般要在成年的草地蜗牛壳、森林蜗牛壳和幼小的花纹蜗牛壳中寻找。

采脂蜂无论在螺壳中哪个部位建蜂巢，最后都要在蜂巢表面镶嵌小碎石，并用黏胶剂牢牢固定在那里。这种材料呈现为半透明的琥珀黄色，比较脆弱，能够被酒精溶解，燃烧的火焰有烟冒出，同时散发着刺鼻的树脂味。据此，我们可以知道采脂蜂所用的黏胶剂源于叶树的树脂。

在采脂蜂生活的那片碎石堆附近，有一片茂密的刺桧林。采脂蜂为了节约时间，很少到远处寻找黏胶剂。所以，树脂以及用于做壁垒的材料，应该是从这些灌木丛下采来的。因此，我认为提供树脂的树是刺桧，但当这种灌木稀少时，采脂蜂也会凑合采集一些松树、柏树和其他针叶树类的树脂。

采脂蜂常常在附近的树林中采集树脂，这种树脂呈半透明的琥珀色，散发着刺鼻的气味。可别小瞧了它，它可是采脂蜂筑巢的黏胶剂呢。

　　蜂儿对镶嵌物的颜色和形状并不在意，它总是不加区分地采集所有坚硬的小石子，有时还会使用一些新奇的东西。在砾石和树脂做的盖子后面，一整圈螺壳被一道坚实的路障占据了，这是用松散的碎屑修成的，作用就如同在芦竹中保护肩衣黄斑蜂的茧丝壁垒一样。

　　我认为黄斑蜂并不觉得建造路障是必须的。在有着较大空间的蜗牛壳里，它会定期筑造路障。因为蜗牛壳的最后一圈太大了，所以这个大厅就会空着，而在体积较小的螺壳里就没有了路障，如在树脂封盖与螺孔相齐的森林蜗牛壳里是不存在路障的。采绒毛的肩衣黄斑蜂也不一定非用木屑和碎石修砌路障，有些巢里它们只用棉花。而对于采脂蜂而言，碎石路障只在某些情况下才有用。

　　蜂房在路障的封盖后面，螺壳直径的大小决定了它位置的深浅。纯树脂做的墙壁将它们前后隔开，一点儿矿物杂质也没有掺杂。蜂房的数量非常少，一般只有 1 个或 2 个。前面的蜂房通道直径大，所以体积就比较大。与雌蜂相比，雄蜂个大一点，因此这是一个雄蜂的居室。后面的蜂房则比较小，可以住一个雌蜂。

在蜗牛壳里筑巢的采脂蜂还有好斗黄斑蜂，它在炎热的七月出生，并在八月的酷暑中去建筑巢穴。它的巢与春天里的同类采脂蜂的巢完全相同，如果想要区分两种蜂巢，唯一的方法就是在二月时将螺壳敲碎，并撕破蜂茧。那时，春采脂蜂的巢里是蛹，夏采脂蜂的巢里是幼虫。如果不这样，那就只有等到它们孵化的时候才能知道。在这两种黄斑蜂蛰居的蜗牛壳的前面，它们都空出一个宽阔的门厅。它们平均每次产两只卵，产卵是间断性的。

各种各样的黄斑蜂虽然产卵时间不一样，破茧而出的时间也不一样，但它们都是高超的筑巢师，拥有精湛的镶嵌术。

不同的工作

七齿黄斑蜂这种春采脂蜂总是将蜗牛壳里一半以上空间空置，并且与壁蜂同住在一条石板下，但它们相处得还不错，筑巢时并不会争抢建筑材料。而好斗的黄斑蜂却完全不同了。当壁蜂开始施工时，黄斑蜂最多是个蛹。它那个空着的门厅会吸引壁蜂在这里筑巢，壁蜂这么做，也是为了下一代着想。

在树脂做的蜂巢的封盖上，壁蜂用泥做了一个封盖塞子，并在这上面一层层地堆砌蜂房，然后再在整个蜂巢上覆盖一层防御盖子。壁蜂和采脂蜂在同一个蜗牛壳里各自工作着，仿佛对方根本不存在。

到了七月，巢里的两个家伙将产生一场争斗。处在下面的采脂蜂宝宝想要穿过路障，到外面的世界去；而住在上面的壁蜂幼虫或蛹挡住了通道，它们要到明年春天才会破巢而出。采脂蜂在冲破自己的巢穴时，已经累得精疲力竭了，尽管有些壁蜂的城墙被打开了一个缺口，有些茧已经很破了，但最后不少采脂蜂还是被困死在里面了。令人奇怪的是采脂蜂并没有吸取经验教训，它们依然选择着大居室。

此外，拉特雷依黄斑蜂和四分叶黄斑蜂却从来不在蜗牛壳里安家。

拉特雷依采脂蜂的蜂巢如同一个小苹果那样大，而四分叶采脂蜂的蜂巢有拳头那样大。它们离群独居，过着隐蔽的生活，在隐蔽的居所里建造着一间间紧挨着的蜂房，组成一个扁球体，上面只有一层遮蔽的盖子，此外什么防护也没有。

　　拉特雷依采脂蜂的蜂房是浅褐色的，黏黏的，非常坚硬，散发着一股沥青味。这种球状物的外部嵌着一些土粒和砾石，还有几只大蚂蚁的脑袋。其实，蜂儿砍下蚂蚁的脑袋，是为了加固房屋，在屋子四周的干燥蚂蚁脑袋就如同小石子一般，可以用来加固，而且不用费力就能找到。为了修筑路障，蜗牛壳里的蜂儿会利用蜗牛的干粪便，但由于四周蚂蚁络绎不绝，它们就利用死蚁的脑袋，只有在没有蚂蚁脑袋时，它们才改用其他东西。

蜂巢的主要材料是一种不明物质，我看到里面有透光的裂缝，遇热会软化，还能被酒精溶解，燃烧时火焰冒着浓烟。这说明蜂巢的材料具有树脂的特性。这样看来，它们都比较喜欢采集针叶类树脂。

四分叶黄斑蜂的巢中大量使用了这种树脂，蜂巢里有着12个蜂房，采脂蜂为了修筑这么多的蜂房，就要从松树中采集大量树脂。它们只用2滴或3滴树脂就能筑墙。它们的建筑，从地基到屋顶，从围墙到隔墙，所用的树脂可以修筑出几百个蜗牛壳里的隔墙。另外，拉特雷依黄斑蜂尽管身材娇弱矮小，但也非常善于采集树脂。从采集和使用树脂上说，在蜗牛壳里筑隔墙的那些蜂儿只能位居第三，排在四分叶黄斑蜂和拉特雷依黄斑蜂后面。

现在我想做进一步的探究，把蜂儿放在放大镜下，分别检查它们的额、翅膀、足、花粉刺，以及一切有利于划分这一种群的细节。最后我发现，在结构上它们是没有什么不同的，但是它们的工作内容却有着非常明显的区别，即工种不同，而工具相同。

我首先检查了七齿黄斑蜂，它拥有强壮的大颚，上平下凹，呈伸长的三角形，像一把漂亮的勺子！这无疑是收集黏糊糊的树脂的完美工具，就像锯齿形的双颚特别适合用来采绒毛一样。

再看看住在蜗牛壳里的采脂蜂，它的大颚上有3个突起的锯齿，不知会不会妨碍采集树脂。而四分叶黄斑蜂采摘的树脂团大得如同拳头，在

每一种昆虫都有着各自的工具，然而，它们的工作差别并不大，可以适用于各种工作。

勺子的伪装下还藏着一个大耙子。而在它大颚那宽阔的刀刃上，还竖着4颗尖锐的利齿，这种工具的完美度是其他蜂儿无法媲美的。这只扛着锯齿状耙子的采脂蜂，却一趟趟地背回大团树脂，而且还是呈半流动状的黏稠物，这样可以同以前采回的树脂很好地混合在一起，以便加工成蜂房。

拉氏黄斑蜂的大颚上有3个或4个锯齿，棱角非常明显。我想，它用耙子收集树脂的可能性比较大。总之，这四种采脂蜂中，三种是长着"耙子"的，另外一种是长着"勺子"的，而其中采集树脂团最大的那种采脂蜂用的就是一把锯齿最利的"耙子"。

我发现，它们所从事的工种，是不能由大颚是否带齿来决定的。在没有任何头绪的情况下，我们借助于蜂儿的整体结构来解释是错误的。因为在壁蜂、拉特雷依黄斑蜂和四分叶黄斑蜂一起工作的同一些石头堆里，我发现了身材小巧的阿尔卑斯蜾蠃，它和黄斑蜂类的结构一点也不相似，但也使用树脂筑巢。

令我难以解释的是，对一种昆虫来说，它们究竟是根据什么来进行工种的选择的呢？我听到过这样的答复：不同的工作是受生理构造决定的。比如这只昆虫具备了采集和粘压绒毛的工具，却没有揉翻土、剪树叶、搅树脂的工具。难道说工具决定了它们要做什么样的工作吗？

每一种昆虫都有着各自的工具，然而，它们的工作差别并不大，可以适用于各种工种。同一只带锯齿的颚，既能切割叶子，又能采摘绒毛；既能搅拌树脂，还能磨碎朽木和揉和泥浆。昆虫在加工绒毛和剪切树叶，进行砌土墙，嵌石子等工作时，也都非常出色。

那么，存在着各种各样工种的原因是什么呢？我得出这样一个道理：是思想决定内容，天赋和灵感主宰工具，而工具不能决定思想，器械也不能决定行业的种类，工具是不可能造就工人的。正如维吉尔所说，精神的力量可以挥舞着笨重的大铁锤。

第七章

隐蔽的捕猎能手

——螺蠃

昆虫档案

昆 虫 名：螺蠃

别　　名：土蜂、蠮螉、细腰蜂

身世背景：属于昆虫纲胡蜂科，长得很像蜜蜂，
但比蜜蜂小得多，分布在我国的北
京、浙江、四川等地

生活习性：头部浑圆，触角细长，平时自由活动，
没有固定巢穴，只有雌蜂在产卵后才
会筑巢，巢穴常常建在树枝、树干及
建筑物等处

绝　　技：采集树脂和修葺巢穴

武　　器：螫针、大颚

猎手蜾蠃的隐蔽生活

所有的蜾蠃都是一个好猎手，它们用刺钉住小幼虫、小蚯蚓和鞘翅目昆虫弱小的幼虫，以此来喂养家人。但是，为了养家糊口，它们安放蜂卵和储藏食物的巢的建造方法却风格迥异。现在，我们来研究一下三种不同的蜾蠃吧。它们都有着相同的干活工具：弯曲的钳子形的大颚，并且大颚的末端都呈锯齿状。虽然工具一样，但它们干的活儿完全不同。

第一种是肾形蜾蠃，它在坚实干硬的泥土里挖掘隧道，而且挖得很深，并在隧道口处用清理出的杂物竖起一个烟囱，最后，它还会用这些杂物在房子外围圈一个保护层。

这种蜂儿一般出现在被太阳灼焦的黏土斜坡前，我想观察它在巢穴里的工作方式，可是它是一个不爱回家的昆虫。每年春天，我都要小心地将自家院子里的蜾蠃圈起来，生怕被人踩翻了。

第二种是以采脂为业的阿尔卑斯蜾蠃。由于它没有挖土工具，因此无法自己建巢，这使得它只能在空甲壳里筑巢。它的寄居处有发育不完善的轧花纹蜗牛壳和森林蜗牛壳。

在蜗牛壳中寄居，免除了筑巢的艰苦，这使蜂儿可以专心做精美的镶嵌工作。镶嵌的材料主要是一些小碎石子和采自刺桧的树脂。它装饰巢穴时，先在房子封盖朝外的那一面镶嵌上质地不一、体积不等和棱角分明的大石子或土质块，然后把黏胶涂在上面。在封盖朝里的那一面，由于间隔没有被黏胶填满，这就使黏合的石子有些歪斜，呈现出不规则的突起。

阿尔卑斯蜾蠃使用的石头比较多，这样就大大节约了树脂。在向外的一面，有一些大头针针头那么大的圆形硅质颗粒，一颗颗紧挨着排列在黏胶剂上。这些颗粒是它们从地上的碎渣中挑选出来的，犹如某种用钻石珠子粗略加工成的工艺品。在选材方面，蜾蠃比较挑剔，它一般只选择耀

眼、透明的火石珠子。

阿尔卑斯螓蠃把螺旋分成每个房间的隔墙，基本上同蜂巢的封盖一样，并在前面的墙壁上镶嵌上透明的火石。这样，它在蜗牛壳里可以隔出3到4个房间来。而在螺尖里最多只能隔出2个房间。巢穴虽然狭窄，但安全而美观。

螓蠃像黄斑蜂一样，善于用路障作为堡垒，当我从蜗牛壳侧壁上的小洞向里看时，发现最后一道隔墙和蜂巢封盖之间的门厅内堵着许多小石子。我把里面的石子堆倒出来观察时，才发现大多数石子虽然质地不同，但都是光滑的，壳里还掺杂着贝壳碎片、土块和钙质碎片。螓蠃在选择用于镶嵌的火石时，只是随便用拾来的碎片作为填料。另外，没有黏合的碎石堆并不总是存在的。

由于我只是偶尔在冬天找到过阿尔卑斯螓蠃的巢，所以对它的卵、幼虫和粮食并不熟悉。因此，我无法把阿尔卑斯螓蠃的生活经历写得更详细些。

第三种筑巢螓蠃也不会建房子，所以它们需要一个隐蔽所，并且需要一条圆筒形的长廊，这同切叶蜂、壁蜂和采绒毛的黄斑蜂的巢穴差不多。这条长廊可以是天然形成的，也可以是由掘土昆虫挖成的。这种螓蠃分隔通道的技艺非常高，丝毫不输于石膏粉刷工，擅长于把长廊分成几个单间。

通过观察上面三种不同的螓蠃，我有幸认识到螓蠃的习性，发现它们的工作内容是完全不同的，分别是采脂、挖掘和镶嵌。在从事三种不同工作的蜂身上，我看到它们有着一样的劳动工具。因此，我相信器官不决定功能，工具更不能造就工人。

现在，让我们来看一下筑巢螓蠃的故事吧。这种蜂儿的巢穴不太好找，还好我收到女儿克莱尔寄来的一个包裹，包裹里面有许多段芦竹，筑巢螓蠃的生活马上就可以揭开了。

螓蠃最初的住所是条蜂废弃的走廊，或者是昆虫在地里挖的狭小通道。最受蜂儿喜爱的是干燥的木头管道和温暖阳光下的地方。芦竹做的长廊是它最好的居所，所以女儿的鸡棚里才会出现螓蠃群。

我把芦竹水平放置，这样可以使由松软的泥土、翠绿的树叶圆垫和雪白的棉花等材料堵起来的房门能够遮挡风雨。芦竹通道的直径一般在10毫米左右，而蜂巢占据的长度是无法确定的。蜂儿很少将竹节内的全部空间都用来筑巢，如果那个节间太短，蜾蠃就把底下的隔膜打通，这样便可以再添加一段完整的后厅。在长度超过20厘米的巢穴里，一般能有15个蜂房。

在大的芦竹里，蜾蠃会先围住蜂巢，再放进猎物，通过一扇小洞门进出囤粮和产卵。完成这一切后，它就会用浆状混合物做的塞子堵住天窗。那么，蜾蠃是如何修筑带小窗的隔墙的呢？在小号的芦竹里，仅仅只有隔墙而已；而在大号的芦竹里，隔墙中央有一个圆洞，向内突起，并且用塞子堵住了，有时它的颜色也不同。可见，小芦竹的筑造隔墙是需要一气呵成的，而要完成大芦竹上的隔墙则需分步筑造。

土质塞子极易因潮湿而变质，或者被冰冻，这时蜾蠃就会在外面涂上一层泥土和碎木质纤维的混合胶，如同在酒瓶盖上用红色蜡封住一样。

巢中的这些纤维是一些经日晒雨淋而变白变质的芦竹，这些粗纤维被蜾蠃，通过咀嚼弄碎，然后再进行筛选，将泥巴和纤维搅在一起。这样的材料在抵抗破碎上优于单纯的泥土，里面的湿软泥基本上与隔墙和大门塞子的材质一样。这种材料涂层能够抵抗连续几个月的恶劣天气，因为蜾蠃在外面的门上镀盖了一层纤维混合物。

一截芦竹中，满满当当地躺着几只胖乎乎的蜾蠃幼虫，这些幼虫有的安静地躺着，有的正在津津有味地吃着叶子。

在这个层层包围着的巢穴中，蜾蠃储存粮食、产卵，一代代繁衍生息，过着自己的隐蔽生活。

动作迅猛的猎手

蜾蠃筑巢的目的是为了储藏粮食，而它最爱吃的要属杨树叶甲的幼虫了。这是一种身材矮胖结实的蠕虫，皮肤光秃秃的、肥肥的，白白的肉色底上有着一排又黑又亮的点。只要用一根麦秆搔搔它，那一排黑点就会立即喷发出巨臭的汁液，弄得四周臭气熏天，让人只好扔掉这只臭烘烘的虫子。

但是，蜾蠃会不顾杨树叶甲喷射的汁液，并抓住它脖子上的喷雾器，然后注射几支麻醉针，让它蜷成一团。鉴于猎手对杨树叶甲的幼虫的垂涎，我想，杨树叶甲的这种臭药水味，对于蜾蠃来说可能是香美无比的。

杨树叶甲还有另一种保护装置，它具有防御和运动功能。幼虫将肠尾鼓成琥珀色大囊泡时，能够从那里渗出一种浅黄色或无色的液体，这是一种淡淡的硝基苯的气味。

在一截儿芦竹的17间屋子里，基本上装满了杨树叶甲的幼虫。其中，有些虫卵静静地躺着，有些幼虫则是刚刚孵化出来，还只吃了一口食物。有的房间里放着10条鲜美的虫子，有的房间只放了3条。而且楼层越高食物越少，楼层往下的食物反而充足。这也许和雌雄两性不同的食量有关，雌蜂住在下面，吃得较多；雄蜂住在上面，吃得较少。

猎物无论大小，都是完全不能动的。但不要以为这些食物就是死尸，其实它们气息尚存。筑巢蜾蠃总是把第一个卵放在屋子的最深处，然后按照捕猎的顺序堆放粮食，使得幼虫能由旧到新吃掉食物。

我不知道这种蜂儿的卵是否和黑胡蜂和肾形蜾蠃一样，被一根一端固定在蜂巢上的细丝吊住。果然，在多数较新的蜂巢里，我发现一个个圆

柱形的卵高高悬挂着，大约有 3 毫米长，它们有的悬吊在隔墙较高的一边，有的悬吊在芦竹的拱顶，悬吊的细丝约有 1 毫米长。将芦竹放在透明的玻璃管内，我们就可以看到整个孵化的过程，孵化一般在蜂巢关闭的 3 天后开始，或许在产卵后的第 4 天开始。

我看见的新生儿几乎都是头朝下的，而且都钻在卵膜的鞘里。小家伙在里面缓慢地蠕动着，吊着它的细丝也跟着拉长，悬挂点那端的线很细，而卵开始蜕皮那端的线要粗得多。小家伙的头碰到美食后，就张开了嘴巴开始食用美味了。如果这时我摇动芦竹，它就会马上放弃美食，转而缩进卵鞘里，直到感觉安全后，才又重新蠕动着开始食用。然而，有时就算我晃动芦竹，它也并不理会。悬吊在细丝上的新生幼虫，一般持续 1 天左右，之后它就会挣脱悬丝带，开始新生活了。美食可以养活它 12 天左右，吃饱喝足后，它就开始做茧了，然后在茧里睡到第二年的五月，并一直保持黄色幼虫的状态。

现在，让我们来看下它的狩猎生活，以及蜾蠃是如何猎取食物的吧。我的克莱尔开始跟踪行动了，在埃格河岸边，她发现了有肥胖嫩肉的叶甲幼虫的杨树，这时一只蜾蠃突然飞来，以极快的速度扑向一片树叶，然后足间抓着一动不动的俘虏飞走了。可是，她并没有看清楚捕猎过程中猎手和猎物的厮杀情况。于是，克莱尔把一棵满是叶甲的小杨树连根拔起，最

后运到她的鸡棚前，重新植入土中，那里有着蜾蠃居住的芦竹堆。她接连观察了三天，一群捕猎者飞向了小杨树，并一遍又一遍地用螫针进行着屠杀。之后，她将装着蜾蠃的芦竹送到了我的手上。

我家的院子口长有茂盛的东方茴香，我在那上面抓住了六只筑巢蜾蠃，而且全是雌性的。我把一只健壮的蜾蠃和一只肥美的叶甲幼虫一同移到钟形罩下，并让玻璃牢笼暴露在阳光下。于是，一场厮杀开始了。

在5分钟内，蜾蠃一直沿着钟形罩壁攀援，掉下来又爬上去，似乎对肥美的叶甲幼虫不感兴趣。但最终，它还是扑向了肥美蠕动的叶甲幼虫，把它掀翻，让它肚子朝上，然后将它紧紧抱住，在它的胸部刺了3下，尤其是在颈下中间的部位，针在那里面比别的地方刺得更久。可怜的幼虫拼命反抗着，全身都分泌着汁水。它的气味对蜾蠃没有丝毫作用，螫针刺了3次，分别刺在幼虫胸口的3个节上，击垮了它的神经中枢。这就是我在实验条件下看到的捕猎情景。

随后，蜾蠃一边拖它的猎物，一边紧紧咬住猎物的脖子，但我没在猎物身上发现任何伤口。为了弄明白，我把瘫痪的幼虫抢了过来，发现它已经毫无活力，除了微微颤抖的足证明它还活着。这个丧失活力的生命在昏迷的头几天，不断地排出粪便，一直把体内清空为止。

当我重复实验时，我目睹了一件奇怪的事。这次猎物是从尾部被蜂儿抓住的，于是，针刺进了肚子下的最后几段。这次的手术是从尾部环节做的，而不是从胸部进行的。会不会是施手术者把虫子的两头混淆了呢？但事实上，昆虫的本能是不会发生错误的。

当战斗结束后，蜾蠃紧紧抱住肥美的幼虫，大口地从背部吸吮最后三节。它吸吮时，嘴的每块肌肉都活跃了起来，好像在享用从未品尝过的美味。而被活生生吸吮的幼虫，绝望地舞动着短腿，拼命挣扎着，用头和双颚进行反抗，然而蜾蠃还是一个劲儿地吸吮它的尾部。在持续了15分钟后，蜂儿放开了这个可怜的幼虫，把它扔在一旁。过了一会儿，蜾蠃开始悠然地舔起了足，它一遍遍地清理着自己的双颚，仿佛吸食了难得的美味。

隐蔽的捕猎能手——蜾蠃

一只蜾蠃捕捉到了一只肥美的幼虫，它看着眼前昏迷的猎物，正准备要美美地吃上一顿。

当饱餐过后的蜾蠃松开遭受蹂躏的幼虫时，这些臀部被咬过的虫子，有的几乎就跟没受过伤一样行动自如，有的则纹丝不动，区别仅在于肛门囊泡。

我检查了一下，发现它们的肛门囊泡没有了，我用放大镜观察了一下它们的肛门，发现一些组织被扯破、开裂，肠尾被撕成了碎片，周围全是瘀斑和青肿，但没有大面积的伤口，这说明蜾蠃吸食的只是肛门囊泡里的液体。这种体液究竟是什么呢？我只知道这是杨树叶甲幼虫在遇到危险时分泌的体液，是用来逼退敌人的武器。

由于我们不能再从胸部受伤而导致彻底瘫痪的幼虫那里得到什么解释，所以，我们考虑以下这种情况：虫子只在腹部末端被蜇了三四下。当蜾蠃咀嚼了幼虫身体的最后三节，并把肠子末端掏空，然后把它甩到一边时，其肠尾的运动和肛门囊泡都已经没有了，被挫伤的三节体节虽然皮肤完好，却布满了色斑。由于腹部瘫痪，虫子无法用肛门的杠杆进行蠕动，但它的足并没有受到损伤，所以虫子还可以靠足行走。它趴在地上缓慢爬行着，身体后部似乎也不算什么累赘。它的头部灵活自如地摇摆着，嘴如往常一样紧闭着，仿佛生命力仍然旺盛。

在虫子被刺 5 小时后，我重新对它们做了检查。发现它们的后足开

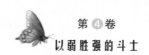

始不停地哆嗦，再也不能运动了，它们彻底瘫痪了。第二天，它们中有一半已经疲软无力了，但头和前足还可以动一下。第三天，除头部外，它们全身都动不了了。第四天，它们的身体开始干瘪，发黑，并且缩成一团，彻底死去了。

然而，那些胸部被刺，被带回蜂巢储存的幼虫，却能保持丰满和鲜艳的色泽，并且在几星期甚至几个月中都能保持如初。看来，幼虫并不是死在螯针上，杀死它们的应该是蜾蠃的大颚。既然虫子的下腹部末端被蜾蠃的大颚压得粉碎，肠囊泡也去除了，那死亡就是必然的了。

蜾蠃咬开猎物尾部后，就把肉体抛弃了，它只是吸食肠囊泡内的液体。这种液体大概才是它真正喜欢的美味饮品吧。

通过筑巢和猎捕活动，大家对蜾蠃这种小昆虫有没有更深一层的认识呢？在千变万化的昆虫世界中，它用自己特有的本能生活着、工作着，一代代繁衍至今。

蜾蠃咬住猎物后，并没有吃它们肥美的肉体，而是选择了吸食肠囊泡内的液体，这才是它们钟爱的美味饮品。

第八章

凶残的进食者

——大头泥蜂

昆虫档案

昆虫名：泥蜂

身世背景：一种比较罕见的昆虫，全世界都有分布，已知的有9000多种

生活习性：炎热的夏季产卵，寒冷的冬季躲在洞中避寒，会像鸟儿一样迁徙

喜　好：成虫喜欢吃蜂蜜，幼虫喜吃黄地老虎幼虫

绝　技：像手术师一样将猎物进行麻醉

武　器：螫针

荤素通吃的大头泥蜂

在膜翅目昆虫中，有一种家伙既捕杀猎物，也采集花蜜。吸食花蜜的昆虫居然也吃肉，听起来是不是有些稀奇？各种昆虫的捕猎方法是不一样的。蜜蜂的捕猎者大头泥蜂总是贪婪地吸食着蜜蜂沾满花蜜的嘴巴，它这样做究竟是为了孩子呢，还是满足自己的口腹之欲？

于是，我将大头泥蜂和它的猎物放在一起进行观察。我一只大头泥蜂和两三只蜜蜂一同放进钟形玻璃罩里，蜜蜂们沿着罩壁向着有光的地方攀援，想要寻找地方逃跑，它们爬上去，又落下来，过了一会儿又安静下来。大头泥蜂的触须伸向了前方，打探着情况，前足伸直，趾节微微地抖动着，头左右摇摆着。终于，它看准时机，闪电般地冲向了猎物。猎手和猎物你推我拽地滚成了一团，经过一番激烈厮杀，猎手逐渐控制住了猎物。我观察到猎手采取了两种制胜的手段。

第一种是蜜蜂四脚朝天地躺在地上，大头泥蜂在上面，与蜜蜂面对面，一边用6足将蜜蜂紧紧地箍住，一边用大颚猛烈地撕咬着蜜蜂的颈部。大

当大头泥蜂和蜜蜂同处一室时，蜜蜂会想办法逃跑，而大头泥蜂则会寻找机会，向蜜蜂发起猛烈的进攻。

头泥蜂的腹部从后向前纵向弯曲，稍微摸索后，寻找到了下针的地点，它绕到蜜蜂的颈部下方，把螫针刺入了蜜蜂的颈部，没过多久小蜜蜂就死去了。然而即使这样，凶手还是没有放开手，它仍然紧紧箍着猎物，并将蜷曲的腹部放松放平，然后贴在蜜蜂腹部。

第二种是大头泥蜂直立攻击蜜蜂。大头泥蜂以后足和折叠的翅膀末端作为支撑，站直身子，用4只前足紧紧箍住蜜蜂，与蜜蜂保持面对面的状态。为了寻找一个有利的位置，大头泥蜂粗鲁地翻动着小蜜蜂，如同猫玩老鼠一样。当找到合适的位置后，大头泥蜂便以后足的两节跗节和翅膀的末端作为支撑，由下向上蜷起腹部，再将螫针刺入蜜蜂颈部。

　　为了更准确地分辨出大头泥蜂下针的部位，我又让整个过程重复了多次，每次大头泥蜂的螫针都是准确地刺向了蜜蜂的颈部。一旦捕猎开始，大头泥蜂的精神就高度集中，以至都没有发现我已经揭开钟罩，在近距离观看它们。

　　蜜蜂的伤口总是在同一位置，于是我剖开了它的头部。在蜜蜂的颚下有一个小白点，大约只有1平方毫米那么大。那个地方没有坚韧的角质层保护皮肤，因此从这最薄弱的小白点为入口，大头泥蜂的螫针才得以进入蜜蜂的体内。

　　小蜜蜂的跗节稍微轻轻地蹬动了2分钟左右，然后就一动不动了。这种突然的呆滞，说明大头泥蜂刺伤了蜜蜂的神经节，使得蜜蜂已经死去了。可见，大头泥蜂并不是一个麻醉师，而是一个凶悍的杀手。

　　那么，大头泥蜂为什么一定要杀死蜜蜂呢？在杀死对方后还一点儿也不放松警惕，仍然是牢牢地抓着猎物，将蜜蜂用6只足箍住，腹部贴着腹部，并摆弄着死去的蜜蜂。我观察到大头泥蜂有时寻找蜜蜂前足的基节

窝，有时搜寻蜜蜂颈部的关节，但是它并没有攻击这两个部位。我还看到死去的蜜蜂是如何被大头泥蜂野蛮地摧残的，大头泥蜂将自己的腹部压在蜜蜂上面，好像将蜜蜂放在榨汁机下一样，野蛮程度令人震惊，但我没有在蜜蜂身上发现伤口。

大头泥蜂对蜜蜂颈部的挤压，是为了把嗉囊里的甜美蜂蜜挤回到蜜蜂嘴里。当甜美的蜂蜜涌出来时，立即就被贪婪的大头泥蜂吸食到嘴里了。这个猎手还将蜜蜂伸长的带有甜味的舌头吸入自己口内进行舔食。接着，它再一次在死去蜜蜂的胸部和颈部搜索，寻找到蜜源后，再一次将自己的腹部压在蜂蜜身上。当甜美的蜂蜜流出后，又立即被大头泥蜂吸食掉了。蜜蜂嗉囊里的蜂蜜就这样被一点一点挤出来，直到被大头泥蜂吸食一空。

这种凶残的进食一般需要 30 分钟以上，最后大头泥蜂才满意地将蜜蜂干瘪的尸体扔在一边。掠夺者在钟形罩顶部盘旋一圈后，又回到干瘪的尸体上，再次进行一番惨无人道的挤压，然后吮吸蜜蜂口腔中的蜜水，直到一点儿甜味也找不到了。

接下来的实验可以再次证明大头泥蜂对蜜汁的酷爱。当第一具蜜蜂尸体被吸干后，我又放入了第二只蜜蜂，当它被迅速刺死，被大头泥蜂吃干抹净后，我又放入第三只蜜蜂，其命运同样悲惨。这个贪食的强盗接连残暴地杀死了 6 只蜜蜂，并吸食光了所有嗉囊内的甜美蜜汁。

但是，大头泥蜂在花丛中，也和其他膜翅目昆虫一样，勤劳地吮吸着花粉。而且没有螫针的雄性大头泥蜂从来不知道有这么残暴的生存方式，只有雌性大头泥蜂在采集花蜜之外，进行着另外的屠杀。

为什么大头泥蜂并不是将蜜蜂麻痹，而要将其杀死呢？这是因为被麻痹的生命还会残存着活力，使装满甜美蜜汁的嗉囊处于一种封闭状态。所以，大头泥蜂纵使咬了蜜蜂的颈部，挤压两肋也只是白费力气，这时蜂蜜是不会被挤回到口腔中的。如果是一具尸体，当肌肉变得松弛，胃部停止收缩，蜂蜜在大头泥蜂的轻轻挤压下便会倾泻而出，然后被吸食一空。

现在，让我们来看一下大头泥蜂是如何为孩子猎取食物的吧。没有

大头泥蜂和其他膜翅目昆虫一样，勤劳地吮吸着花粉，采集蜂蜜；但雌性大头泥蜂还是个残暴的杀手，它猎捕蜜蜂，吸食蜜蜂嗉囊里的蜂蜜。

蜜的干瘪蜜蜂，对于大头泥蜂来说已经毫无用途。相反，如果它准备将蜜蜂的尸体带回家作为孩子出生后的粮食，那么蜜蜂就会被它中间的两只足抱起，而剩下的足则用于行走。这时，它在钟形罩边来回转圈，想要寻找一条可以带食物离开的路。当它发觉这环行线路没有出口时，就用触角和嘴巴抓住尸体的腹部，用 6 足钩住垂直而光滑的玻璃罩表面，慢慢地攀上罩壁。它费尽力气到达了钟形罩的顶部，然后稍微休息一会儿，最后又回到了罩底，并重新开始攀援，多次失败后，它只得将蜜蜂的尸体放下，不再做徒劳的活动。

现在，让我们看一下它在自然条件下是怎么做的吧。大多数大头泥蜂得手猎物之后，就抓着捕获的蜜蜂马上回到蜂巢内，另外还有一些则飞进了近处的荆棘丛里。在那里，大头泥蜂开始压榨蜜蜂的尸体，挤出蜂蜜后，就贪婪地吮吸着。等到吸食工作完成后，它就把干瘪的尸体放入储藏间内。将蜜蜂尸体作为给孩子们储备的粮食，是需要事先榨干蜜汁的。

大头泥蜂所储存的尸体，在几天内就会腐烂变质。所以，大头泥蜂就要运用泥蜂的方法，让幼虫随着成长的不同阶段，间断地获取食物。

大头泥蜂的蜂巢看上去非常安静，一个大头泥蜂非常懒惰，一天最多只猎取两只猎物。也许是它间断的饮食习惯导致它的这种惰性，只要食物暂时储存够了，大头泥蜂雌蜂就不再出去猎食了，直到食物吃光时才会出门捕猎。更多的时候，它只是躲在家里挖地洞。地洞挖好后，我们会看到挖掘留下的土被推到地面上来了。

大头泥蜂同泥蜂一样，也将卵产在第
一只储存起来的蜜蜂的尸体上，然后
作为食物提供给自己的孩子。

　　拜访大头泥蜂的地下洞穴其实并不容易。狭长的洞穴水平或垂直，
一直延伸到坚硬的泥土下一米左右，这些小房间的数量和布局究竟如何，
我无法观察到。

　　在一些小房间中，已经装入了大头泥蜂的茧，这种细长而半透明的
的茧，仿佛是一种瓶身椭圆、瓶颈逐渐缩小的实验瓶。在细颈的末端可以
看到变硬、变黑的幼虫的粪便，茧被固定在小室的底部，此外就没有别的
支撑物了。另外一些单间里住着幼虫，它们的发育阶段并不相同，白白嫩
嫩的幼虫正在嚼食母亲捕获的美食，它们的旁边是一些已经消费过的食物
残渣。另外一些单间里还存放着完整的、没食用过的蜜蜂尸体，蜜蜂胸口
上则放着一个大头泥蜂卵，这便是幼虫出生后的美食。随着幼虫不断地长
大，它所食用的食物也随之不断地被雌蜂捕获而来。可见，大头泥蜂同泥
蜂这个双翅目昆虫的杀手一样，也将卵产在第一只储存起来的蜜蜂的尸体
上，然后作为食物提供给自己的孩子。

　　那么，在喂养幼虫之前，大头泥蜂母亲究竟为什么要先吸干蜜蜂尸
体内的蜂蜜呢？

　　我有一些已经在成长阶段的大头泥蜂幼虫，但是我向它们供应的蜜
蜂尸体，曾经以迷迭香花蜜为食，而不是没有蜂蜜的蜜蜂。我提供的蜜蜂
都是被我打碎头部而死的。起初这些有着蜜的美食，受到了幼虫们的欢迎。
但没过多久，这些大头泥蜂宝宝就变得精神萎靡起来，而且也没有进食的
欲望，随便东咬一口，西碰一下，最后居然全都死掉了。难道是我房间里

的空气和铺着的干沙伤害了大头泥蜂的幼虫吗？它们已经适应了柔软而潮湿的地下土壤，所以才会不适应我提供的环境吗？我需要用别的办法进行一下实验。

在我的实验中，大头泥蜂的幼虫首先咬食的是蜜蜂的尸体，什么事情也没有发生。后来，当猎物被大量食用后，幼虫舔到了蜂蜜。难道说幼虫是在此时表现出了一些犹豫和萎靡吗？或者是幼虫的死亡还有其他的原因？那么，在幼虫一出生时，就给它享用可口的蜜汁，也许可以解决问题。但是，用纯蜂蜜喂养幼虫确实不是个好主意，因为大头泥蜂的幼虫宁愿饿死，也不愿食用香甜的蜂蜜。

那么，大头泥蜂的幼虫会食用涂了蜜的蜜蜂尸体吗？于是我开始做这个实验，只要幼虫咬了第一口，我们就会得到答案。果然，当幼虫咬了第一口涂过蜜的蜜蜂后，它就不愿再食用了。但由于饥饿，经过长时间的犹豫，它又开始勉强进食了，试着从不同地方下口，可是最终它再也不愿食用眼前的美餐了。几天后，在这盘几乎没有食用过的美食旁，幼虫死掉了。我不知道这些幼虫是由于不吃蜂蜜而饿死的呢，还是因为最初吃了少量蜂蜜中毒死的。但是无论如何，涂了蜜的蜜蜂是致命的。

随后，我又拿别的幼虫做了同样的实验。在这类幼虫中，可以做实验的有以双翅目昆虫为食的各种泥蜂的幼虫、大量捕猎叶甲的筑巢蜾蠃幼虫、靠蝗虫幼虫为生的附猴步甲幼虫和对象虫的需求量很大的沙地节腹泥

在喂养幼虫之前，大头泥蜂母亲要先吸干蜜蜂尸体内的蜂蜜，因为幼虫宁愿饿死，也不愿食用香甜的蜂蜜。

蜂幼虫。最后，它们都因为食用了花蜜而丧失了生命。

这样，关于膜翅目昆虫荤素皆食的问题，我们便有了初步的解释，成虫吸食花蜜，幼虫则以昆虫肉体为食。

早在第三纪冰川时期，大头泥蜂不管是幼虫还是成虫都是吃荤食的，它们为自己和子女猎捕食物。它们不仅吸食蜜蜂嗉囊内的蜂蜜，而且还会将蜜蜂的肉体吃掉。一直以来，大头泥蜂都是肉食性昆虫，但后来，有些尝试者发现，不用进行艰辛的探索，也不用进行激烈的厮杀，就可以得到花蜜。于是，这类尝试者在种族中将落后者淘汰了。昂贵的荤食难以满足大众的生活需求，最终只有那些体质虚弱的幼虫保持着如此的饮食，而强壮的成虫由于更容易生存，就摆脱了这种饮食习惯。这就是今天的捕猎性昆虫荤素皆食的由来。

现在我才知道大头泥蜂如此好吃贪婪的真正原因。它自饮蜂蜜，是为了保护孩子们免遭毒害。它出于对孩子的保护，吸干了蜜蜂嗉囊。那么，大头泥蜂母亲是如何知道它所食用的美味对自己的孩子竟是毒药呢？我猜想，是由于幼虫不能吃变质的食物，所以母亲才吸干蜂蜜，让尸体完好无损地作为食物被吃掉吧。

砂泥蜂的完美剑术

每种捕猎性昆虫都有它独特的捕猎方式，它的捕猎对象、它的攻击点，以及攻击对手时的剑法都各不相同，它们的捕猎手法是与被捕猎昆虫的身体结构和幼虫的需要相结合的，这在捕猎过程中起着非常关键的作用。可以说，昆虫们都各有一套自己的"剑法"，而且都是天生的，并不需要学习。砂泥蜂、大头泥蜂和土蜂等捕猎性昆虫如果不是天生的麻醉师或捕猎好手，那么，今天的昆虫捕猎艺术也将不存在了。

为了观察捕猎性昆虫的剑法，我便在昆虫捕到猎物时，将猎物从它

第八章
凶残的进食者——大头泥蜂

那里夺走，并立即给它一只生龙活虎的同类猎物。这种方法虽然好，但实施起来并不容易。因为有时有替代的猎物时，却难以找到捕猎性昆虫；而有时刚好遇上昆虫捕获猎物，而手中却没有替代的猎物。

  我希望能在桌面上观察昆虫们的捕猎行为，这就不会使我漏掉某些有关它们的秘密了。当我在野外撞见大头泥蜂吸食猎物时，就打定主意，准备把大头泥蜂放在玻璃罩下进行观察。果然，对大头泥蜂的实验成功了，它用自己的独特剑法杀死了小蜜蜂。于是，我准备用这种方法对所有拥有"长剑"的昆虫进行实验。

  我用金属钟形罩来圈养昆虫，并把它们放在桌子上。我把蜜滴在随季节变化的菊科植物的头状花序和薰衣草的穗状花序上，以此来喂养我捕获的昆虫。大多数俘虏对我为它们制订的饮食计划还是非常满意的，但还

砂泥蜂经常活动在地面上，天气晴朗的日子里，它们常常来到沙地上刨坑，也因此而得名。

砂泥蜂擅长捕捉猎物，它
们总能在花丛中觅到自己
心仪的猎物。

是有一些昆虫不知道是因为水土不服，还是思念家乡的菜肴，在两三天后死去了。

当我准备好所需的猎物后，我就把捕猎性昆虫放到玻璃钟形罩下。根据它们的外观和个头大小，我把它们分别放到 1 ～ 3 升的玻璃罩中，然后把猎物也放进去，再把玻璃罩摆在阳光下，然后就等待着捕猎活动的开始。

我们来了解一下毛刺砂泥蜂吧。每年的四月，毛刺砂泥蜂就在围墙的小路上忙来忙去，在之后的 2 个月里，我观察到它们是如何挖洞和捕猎的，以及如何储存食物的。它们的剑术是我见到过的最复杂与完善的。我捕获、放走与抓回毛刺砂泥蜂都非常容易，因为它们就生活在我家门外。

毛刺砂泥蜂最喜爱的食物是黄地老虎幼虫，现在，我需要捕捉到一只黄地老虎幼虫。我在百里香丛中耐心地搜寻着幼虫，却一无所获。而砂泥蜂们总能随时在花丛中捕捉到猎物。我搜寻了十几天，费尽心血，最终在一个有着阳光的墙脚下，在盛开的玫瑰花下，找到了大量的黄地老虎幼虫。

现在，我将毛刺砂泥蜂和黄地老虎幼虫一起放在钟形罩下进行观察。于是，捕猎行动开始了，毛刺砂泥蜂用老虎钳般的大颚猛地将黄地老虎幼虫的颈部咬住。被咬伤的幼虫极力挣扎着，它的身体扭曲着，用尾部一扫，把毛刺砂泥蜂扫到一旁。但这并不能摆脱猎手的魔爪，毛刺砂泥蜂立即爬起，三次挥舞着长剑，以极快的速度刺入了猎物的胸膛，第一剑刺在猎物第三节，最后一剑刺在了第一节上，它在刺最后一剑时，比任何时候都要坚定。

取得胜利的毛刺砂泥蜂松开了幼虫，原地跺着脚，用颤抖的跗节不停地敲打着钟形罩底座上的纸板。它平躺在地上，站起来又躺下，翅膀不时抽搐抖动着。有时，它又把大颚和前额贴在地上，用后足支撑着身体，抬起后半部分，仿佛要翻筋斗一样。毛刺砂泥蜂以它特有的姿势庆祝着获得胜利的果实。而那个被捕获的幼虫现在已经寸步难行了，胸部以下的整个身体蜷缩成一团，苦不堪言，不停地发着抖。

接着，毛刺砂泥蜂的第二步行动开始了，只见它牢牢地抓住幼虫的背部。在幼虫胸部受到攻击的三个体节外，毛刺砂泥蜂螯针的攻击使幼虫腹面所有体节都从上而下按顺序被刺了一遍。由于猎物对自己已经没有危险性，膜翅目捕猎性昆虫不再像一开始那样匆忙地攻击猎物了。毛刺砂泥蜂从容地将螯针刺入猎物体内，然后又抽出螯针，再选点、刺入下一个体节。为了让螯针可以准确地刺入能够麻痹幼虫的部位，毛刺砂泥蜂每次都从靠后的位置咬住幼虫的背部。当这一轮刺入行动结束后，毛刺砂泥蜂再次将猎物放开。此时，幼虫已经瘫痪了，只有大颚还能勉强做出威胁对方

毛刺砂泥蜂制伏猎物后，会不断发起下一轮猛烈的攻击。此时，它从容地将螯针刺入猎物体内，然后又抽出螯针，接着不断重复这个动作，直到猎物完全瘫痪为止。

的撕咬动作。

随后，第三步行动迅速开始了。毛刺砂泥蜂用足紧紧地抓住被麻痹的幼虫，张开它那铁钩一般的大颚，从胸部第一体节的根部咬住幼虫的颈部。紧靠着幼虫的脑神经中枢的地方，被毛刺砂泥蜂以迅雷之速咬住，毫不松懈地咬了有10分钟之久。但它每次咬住时都是有间隔与节奏的，仿佛每次都要确定一下战斗的效果。它不停地重复这一刺杀行为，最后看得我都厌烦了。最终，毛刺砂泥蜂的刺杀结束了，而此时的幼虫也一动不动了。接下来它就要将猎物搬回家了。

另外，还有一种情况也经常发生。在第一步捕猎行动中，捕猎者在对猎物胸部进行麻痹时，只是刺到其中两个环节，甚至只是一个环节，而不是刺中了胸部的三个环节。当发生这种情况时，可能捕猎者会选择最靠前的环节。鉴于毛刺砂泥蜂非常坚定地刺出这一针，可见这是一招致命的战术。那么，如果只刺两下，甚至只刺一下就足够，它为什么还要刺第三下呢？这也许是因为担心幼虫所具有的生命力吧。不管怎样，幼虫如果在第一步中幸免遭受攻击，一定会在第二步行动中受到攻击。我甚至观察到幼虫胸部遇刺的三个环节，还是会受到第一轮和第二轮的重复攻击。

另外，在毛刺砂泥蜂欢庆胜利时，在受伤的幼虫身边跺脚的情景也会不同。有时捕猎者根本没有松开猎物，而是马上进行下一轮进攻，原本两次的攻击之间没有出现欢庆的场面，而是从胸部直接转到剩下体节的攻击，一次性全部完成猎捕工作。

毛刺砂泥蜂一般按从前到后的顺序螫刺猎物，将猎物的所有部位进行麻痹，也包括肛门，但我经常看见猎物的最后两三个部位没有被麻痹。另外，我见到过一次极为罕见的情况，就是毛刺砂泥蜂反方向螫刺猎物，在第一个步骤开始时就完全颠倒了螫针顺序。

当时，毛刺砂泥蜂紧紧抓住猎物的尾部末端，然后进攻它的头部，从后向前一个环节一个环节地螫刺猎物，甚至包括胸部已被刺伤的环节。我发现，逆顺序螫针对毛刺砂泥蜂来说是一种娱乐。其实，不管是不是娱乐，其效果和正常的攻击是一样的，猎物的全身都被麻痹了。

最后，毛刺砂泥蜂用大颚挤压猎物颈部，但是它咬颚下和胸部第一环节之间的动作仿佛可有可无，有时施行了，有时却省略了。如果猎物张开铁钩般的大颚，想要防卫，那毛刺砂泥蜂就将猎物的颈部紧紧咬住，让它安静下来。如果猎物的全身都被麻醉了，那么毛刺砂泥蜂就会待在一边休息。由于猎物身体过重，不能进行空运，于是毛刺砂泥蜂只好用足抓住猎物的身体，在地上拖行。如果猎物的大颚此时还能张牙舞爪，那会使运输非常不便，同时也会对毛刺砂泥蜂造成危害。另外，在回家路上经过矮树丛时，有时猎物会咬住一撮细草不放，以求摆脱毛刺砂泥蜂的控制。

一般来说，在捕获猎物后，毛刺砂泥蜂才开始修理、整饬它的洞穴。在开始挖洞穴时，为了防止蚂蚁偷走它的美食，猎物总是会被放在高处，还在下面铺上几根灌木的细枝和几咎细草。而且，在毛刺砂泥蜂挖掘洞穴的同时，还不时地跑去看一下猎物是不是安全。这样，它既不会忘记藏匿猎物的地点，同时也可以警告那些想要盗窃猎物的小偷。

当毛刺砂泥蜂打算把猎物从隐藏地拖走时，如果猎物紧紧咬住荆棘枝不放，会给它带来很大的麻烦。因此，毛刺砂泥蜂在运输时，一定会让猎物失去活力，铁钩般的大颚是消除被麻痹的猎物抵抗攻击的唯一武器，

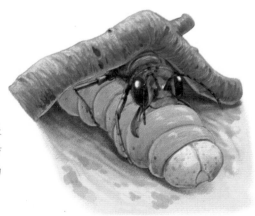

毛刺砂泥蜂在运输猎物时，会用铁钩般的大颚紧紧咬猎物颈部，以防止猎物在途中挣扎，带来不必要的麻烦。

因此，只有通过咬猎物颈部，挤压它的脑神经节才能消除这种麻烦。其实，猎物只是暂时被麻痹，过一段时间就会自行消散，但是那时它已经被放进储藏间了。并且，毛刺砂泥蜂小心翼翼地将卵产在猎物的胸前，隔着一定距离，这时已经没必要再畏惧猎物铁钩般的大颚了。可见，毛刺砂泥蜂用大颚刺猎物，仅仅是为了让猎物头部神经节暂时麻痹。

那么，毛刺砂泥蜂的同类们又是如何捕猎的呢？那种在九月常见的沙地砂泥蜂，最终接受了我款待它的一只凶猛幼虫。

当沙地砂泥蜂捕获黄地老虎的幼虫时，如果只是从外科的角度观察，同毛刺砂泥蜂的捕猎艺术基本差不多。除了最后三个体节外，从前胸开始，所有的环节都由后向前被蜇伤。这种捕猎艺术非常简单利落，使我忽略了其他的捕猎行为，而那些行为与毛刺砂泥蜂的猎捕行动应该如出一辙吧。

虽然那些次要的捕猎行为没有得到验证，比如因胜利而喜悦地踩脚和挤压猎物的颈部等，但当我看到捕猎者如法炮制地对待尺蠖幼虫时，便一点儿也不怀疑了。尺蠖幼虫与其他幼虫只是长得不一样，它们与黄地老虎幼虫的内部构造没什么两样。比如，快步爬行的尺蠖幼虫就非常受朱尔砂泥蜂和柔丝砂泥蜂的欢迎。柔丝砂泥蜂不怎么吃我给它的美食，所以我只能在八月大部分的时间里经常更换食物。而朱尔砂泥蜂很喜欢我提供的美食。

我在茉莉花上捕获了一只浅褐色的尺蠖幼虫，体行细长。朱尔砂泥蜂的进攻特别迅猛，它总以闪电般的速度咬住猎物的颈部，猎物因剧烈的疼痛而变得扭曲。朱尔砂泥蜂在战斗中，先是刺向猎物胸部的三个环节，顺序是由后向前，螫针在颈部附近的第一环节停留的时间最长。当第一轮进攻结束，朱尔砂泥蜂放开猎物，轻薄的翅膀抖动得发响，强有力的跗节欢快地踩着，四肢伸展。胜利者翻着筋斗开始欢庆，只见它前额贴地，臀部翘起，同毛刺砂泥蜂胜利后的动作一模一样。随后，捕猎者再次抓起猎物，但幼虫并没有因胸部三个环节受伤而放弃挣扎，然而拼命抵抗也是没有意义的，它身体中没有被刺伤的环节仍然被一一蜇伤，任何环节都难逃厄运，就连尾部环节也遭到蜇伤。这最后的体节如果被忽视，猎手就会陷入危险之中，因为幼虫能利用后面的腹足紧紧抓住对方，从而进行反击。

另外，在第二步行动中，朱尔砂泥蜂的螫针比第一步更加迅速。这个原因可能是由于在第一步行动中，猎物在遭受胸部的三下攻击后，已经处于半屈服状态，因此朱尔砂泥蜂的第二步行动便自如了一些。或许是在已被注射了麻醉药的情况下，再少许添加一点麻醉药，就可以使猎物离头稍远的环节失去活动能力，这样就不用再重复麻醉其他环节了，而第一个环节的麻痹是至关重要的。

在短暂的欢庆后，朱尔砂泥蜂再一次将尺蠖幼虫抓起，动作迅如闪电。一次，我发现它也有失手的时候，那次它轻率地对所有的环节螫过之后，受伤的尺蠖幼虫依然能够乱动一气，于是它不得不重新再来一遍，除了已经完全麻痹的胸部以外，尺蠖幼虫的所有环节又被做了第二轮麻醉，捕猎活动这才得以结束，尺蠖幼虫已经没有还手之力了。

在做完麻醉术后，朱尔砂泥蜂要对弯如大钩般的长长大颚进行手术。朱尔砂泥蜂的大颚紧紧咬住尺蠖幼虫的颈部，时不时地朝上或向下晃动着。在它突然咬住对方颈部时，两次动作之间有较长的停顿，这样的动作和毛刺砂泥蜂的几乎一样。朱尔砂泥蜂认真的姿势和定时定量的攻击，告诉我们，它们在进行手术前，都需要认真检查上一轮的手术效果。

可见，猎手在捕猎尺蠖幼虫和其他昆虫幼虫时，都运用了相同的捕猎方法。另外，无论猎物外形差异有多大，只要内部结构一样，猎手的完美剑术就不会改变。

 ## 神奇螫针的攻击艺术

昆虫捕猎艺术的神奇之处，是猎物独特的身体结构和外形所造就的。猎物唯一易受攻击之处，正是昆虫螫针所选择的攻击点。根据猎手意图的不同，那些易受到攻击的地方，正是唯一能够导致猎物麻痹或死亡的地方。

　　我们先来看一下砂泥蜂所喜爱的食物吧，黄地老虎幼虫和其他幼虫作为它们的美食，除了头部，其他部位也都容易被螫针穿透，如腹部、背部、两侧、前面和后面等位置。在这么多个容易被穿透的点中，砂泥蜂只攻击其中十几个点，而且它们也从不改变其攻击点。如果不是这些点都和幼虫身体的神经节相靠近，我们是无法将这些点与其他点加以区分的。

　　至于害鳃角金龟和花金龟的幼虫，捕猎者同它们进行长时间激战后，这些全身都没有甲壳保护的昆虫，任何部位都可以受到攻击，但是螫针总是刺入它胸部的第一环节，这说明那里才是它的易受攻击点，也就是靠近神经节的致命之处。

　　那么，飞蝗泥蜂的猎物蟋蟀和距螽乂如何呢？虽然它们的腹部柔软且面积大，没有任何防护，螫针非常容易就能刺入。但是飞蝗泥蜂在刺入螫针时，猎物胸部以下的3个点仍然是其进行攻击的地方，尽管这个位置守备森严。

　　而大头泥蜂对蜜蜂胸甲后面大面积没有防御的部位一点也不理会，对腹部上的间隙也视而不见，而是将螫针刺入蜜蜂颈部下方那个小白点上，这一点从来没有改变过。

　　砂泥蜂攻击一只黄地老虎幼虫，第一针刺入的部位是它胸部的第三环节。砂泥蜂猛地将黄地老虎幼虫甩开，利用这个空档，受伤的黄地老虎幼虫就被我抢走了。我发现它只是在第三环节的那对足无法动弹了，其他的足仍然具有活力。虽然被麻痹的那两只足行动不便，但它仍然可以正常爬行。它费尽力气地躲到地下，在安静的夜晚，又偷偷地爬出来饱餐我为它准备的蔬菜心。黄地老虎幼虫被局部麻痹了，在半个月内，它除了被攻击的那两只足外，其他的足仍然能够自由行动。但最终它还是死了，当然并不是因为身受重伤的原因，而是死于一次意外。在此期间，毒液只停留在受刺的第三个环节上，其他部位并没有扩散的痕迹。

　　从解剖学来看，螫针所选择的每一个攻击点，都处在一个神经中枢上。从砂泥蜂、土蜂、蛛蜂的攻击艺术，我们可以知道，只有掌握了猎物的神经分布状况，才能够进行精准的麻醉手术。

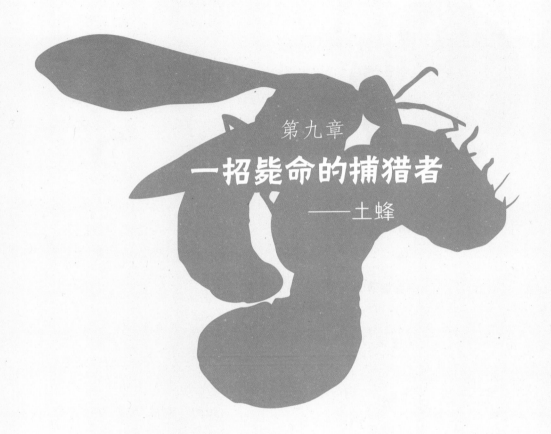

第九章

一招毙命的捕猎者

——土蜂

昆虫档案

昆虫名：土蜂

绰　号：蜚零、马蜂

身世背景：我国很多地方都有土蜂，它的药用价值非常高，有解毒止痛的功效

生活习性：土蜂喜欢在土中筑巢，具有单栖性；对居住场所没有特殊要求，随遇而安

喜　好：喜欢吃新鲜的食物

绝　技：有着高超的麻醉技术，有能让猎物深度昏迷却不至死的武器：可怕的螫针

一击毙命的捕猎方法

　　土蜂把头颅以外没有角质层保护的昆虫作为食物，在战术运用上与砂泥蜂不同，它们采用的是一招毙命的捕猎方式。比如，土蜂根据种类的不同，它们的食物主要有花金龟、细毛鳃角金龟和蛀犀金龟的柔软的幼虫。我曾经解剖过猎物的中枢神经系统，因此我完全可以指出土蜂进行一针麻醉时下针的部位。

　　然而，土蜂的捕猎活动一般都是在地下进行的。为了观察到它们的猎捕活动，我在钟形罩内放入了一些土蜂和它的猎物，进而进行观察，结果非常成功。用于实验的土蜂在人工环境下，依然表现良好，给予了我想要的结果。我对双带土蜂捕获花金龟幼虫的经过做了仔细观察。

　　被囚禁的花金龟幼虫在钟形罩底转了一圈又一圈，想要远离这个危险的双带土蜂。它仰面朝天拼命地爬个不停，触须连续敲打着桌面，仿佛在敲打自己熟悉的地面。很快，土蜂便瞄准了它，只见膜翅目昆虫土蜂以闪电般的速度冲向了自己的猎物，并用尾部的长剑连续不断地刺向这个猎物。它用腹部末端支撑起身体，开始向花金龟的幼虫进行攻击，仰面朝天的花金龟幼虫急忙撒腿跑掉。然而，土蜂迅速爬到了猎物身上，将猎物压

土蜂擅长掘沙，常常在山林花丛下的沙土中筑巢居住，它那令人恐惧的螯针能一招毙命地杀死猎物，精准无比。

在身下，就仿佛坐骑一般骑着，当然它也会被摔到地上，或者发生其他事故，这都取决于身体下坐骑的反抗力。随后，压在上面的土蜂用大颚使劲地咬住花金龟幼虫胸部的某一点，将自己的身体一横，仿佛一张弓一般，努力使腹部末端的螯针刺向幼虫。由于花金龟幼虫把自己的身体弯成弓形，变得稍微短了一些，从而使花金龟幼虫肥胖的身体难以覆盖住，使得这名猎手不停地努力尝试着。它的腹部末端不停地乱刺着，显然非常劳累，但是即使这样，它也不会放弃。这种拼命寻找下针地方的行为，说明它是一个特别谨慎的家伙。

　　不断挣扎着的花金龟幼虫，在仰面逃跑时突然身体蜷缩成一团，头部用力一摆，将捕猎者甩了出去。土蜂面对这样的失败并不在意，只见它迅速爬起，抖了几下翅膀，再次向肥胖的猎物发动进攻。土蜂又用身体的后部爬上了猎物的身体，在多次尝试后，这个捕猎者终于找到了一个适合麻醉的姿势。它把自己的身体横了起来，绑在猎物的身上，猎物的胸部被它的大颚从背部牢牢地咬住，身体屈成弓形，伸到猎物下方，腹部底端的麻醉针越来越接近花金龟猎物的颈部。处在生死边缘的花金龟幼虫不时蜷起来又展开，痛苦地扭曲着，在地上不停地打滚。土蜂依然紧紧地抓住猎物的身体，任凭挣扎中的猎物带着来回地翻滚。这场激战到了白热化的程度，现在就算我拿走钟形罩，它们依然斗得如火如荼。

　　这场战斗似乎有些混乱，但土蜂只会在精确找到手术部位时，才会向猎物刺出麻醉针。只有当螫针刺进猎物体内，手术才算完成，被刺中的花金龟幼虫才会突然软下来，表明它已经被麻痹了，这时只有触须和嘴部可以微微活动，表明它还有一口气。我从钟形罩里观察到，土蜂下针的部位从来都是那一个地方，猎物被刺的地点刚好就在腹部的前胸和中胸交界线的中间。另外，土蜂的螫针在猎物的伤口上停顿了一会儿，并且一直在伤口那里不停地搜寻着什么。当土蜂从狭小的尾部末端拿出麻醉针时，说

在与花金龟幼虫的较量中，土蜂准确地找到了下针的位置，一针就麻醉了这个庞大的猎物。被麻醉的猎物软绵绵地躺在地上，只有触须和嘴部可以微微活动。

明它在寻找最适合的地点，或者说是在寻找一些小的神经节，寻找那些能够被刺伤或者是注入毒液而能够迅速被麻痹的部位。

等一下我们再描述这段重要的内容，现在先来看一个别的故事吧。双带土蜂是一个非常贪心的家伙，一只双带土蜂母亲一次就可以蜇三只花金龟的幼虫。但面对第四只时，它可能体力不支，或者是体内的毒液已经用尽，这个家伙没有再进行攻击。但到了第二天，它就又投入麻痹花金龟幼虫的战斗中去了。第三天它又继续进行战斗，但是捕猎的热情却明显减弱了。

有一些捕猎者喜欢长途奔袭，它们会背着沉重的猎物，长时间地以各自的方式抢劫、拖拽和运输，努力地尝试着离开这座钟形罩，希望能够回到自己的居所。然而，所有的尝试都失败了，它们在绝望中放弃了逃走的想法。土蜂也不再去理会花金龟幼虫了，它将麻醉针从花金龟幼虫的伤口上拔出，让它仰面躺在那里，自己则沿着钟形罩壁来回地飞。

其实，猎物被麻痹之后，在正常条件下的泥土中，不会再被猎手运输到其他地方，放入什么储藏室，而是就在战场上，土蜂就直接把卵产到花金龟幼虫腹部的上面，这使从卵里孵化出的幼虫可以立马享用这肥嫩的

如果周围的环境适宜，土蜂麻醉猎物后不会再将它运往别的地方，而是直接停在原地，将卵产到花金龟幼虫腹部的上面。

美食，也就不用再费力建造房屋了。而它不肯在钟形罩中产卵，是因为土蜂母亲非常谨慎，不会让卵处在具有危险性的光亮之下。

可是，为什么土蜂明知道捕猎活动是在有光亮的环境中，却还要进行呢？事实上，它根本没有在幼虫身体上产卵，而是把这盘美餐丢弃了。它费心费力麻醉了猎物，却发现一切都是徒劳的。不过，其他一些被我囚禁的捕猎者至少还会带着猎物试着逃走，但土蜂却试也不试。

我认真思考后，认为它们从来就没把捕猎的事情与产卵相联系。当它们因战斗而疲惫不堪时，认识到逃走只是妄想，最聪明的做法就是不要再做徒劳的厮杀。然而，几分钟之后，它们又开始了下一轮的厮杀，似乎忘记了之前的无用功，甚至不知道捕猎的最终目的是什么。作为屠杀和麻痹的高手，战斗就是它们一种自发的行为。在麻痹完猎物后，它们并不关心最后该如何处理战利品，因为这一切都是无意识的行为。

还有一个细节让我非常吃惊，那就是土蜂捕猎战斗的激烈性。我曾观察到，这个顽固的猎手和顽抗的猎物之间的激战足足持续了 15 分钟，这中间屡次发生得手和失手的情况。猎手一旦被甩开，立即又重新进攻，它曾多次用腹部末端贴在猎物身上，虽然花金龟幼虫总是因疼痛而跳起，但捕猎者并没有急着拿出麻醉针。只要土蜂没有找到精确的下针点，它就绝对不会刺出麻醉针。

土蜂在战斗中，喜欢把身体弯曲成弓形，但有时也会被花金龟幼虫收缩蜷曲的身体紧紧缠住，然而土蜂并不在乎，对于大颚和腹部末端的进攻一点儿也不会放松。这时猎手和猎物抱成一团，上下翻滚个不停。当花金龟幼虫解脱之后，它又仰面朝上，舒展开来，以最快的速度想要逃走，此外就没有其他的防御伎俩了。也许花金龟幼虫蜷缩起身体时，会嘲笑土蜂无法让它舒展，更无法在它身上找到合适的地方下针。然而，对于这种防御手段，土蜂却恰恰能够找到其致命的攻击点。花金龟幼虫也是一个不懂得吸取教训的家伙。

现在，我们来研究一下别的昆虫吧。刚好，我捕获到一只沙地土蜂，

松软的沙地上，一只沙地土蜂正在挖掘沙子，它大概是在寻找食物吧。沙地下会不会有它最爱吃的南方害鳃角金龟幼虫呢？

那时它正在挖掘沙子，大概是在寻找食物吧。我知道它喜欢吃南方害鳃角金龟幼虫，根据我以前搜集的经验，这家伙经常在迷迭香花下和有着落英的沙堆中挖洞穴，一般这些地方会有它要找的幼虫。

想要找到南方害鳃角金龟幼虫是非常不容易的。于是，我请年近 9 旬的老父亲前来帮忙。在一个有着强烈光照的下午，我们在沙中轮流挖掘，期望可以找到南方害鳃角金龟。最终有两只南方害鳃角金龟的幼虫从沙土中跳了出来，被我们捕获了。第二天，我还要继续卖力地去挖掘那种幼虫。

现在，我们可以在钟形罩下欣赏这场战斗了。土蜂在罩内来回踱着方步，行动显得笨拙而迟缓。但当它一看到南方害鳃角金龟的幼虫时，眼睛就发亮了。在战斗前，沙地土蜂和双带土蜂都要进行一番临阵磨枪活动，它们用触须尖轻轻敲打着桌面，把翅膀抖得发响。这只大肚子幼虫的足短而无力，所以它并没有想逃跑，而是盘作一团。土蜂用它铁钩般的大颚向南方害鳃角金龟幼虫猛咬过去，在幼虫的皮肤上到处乱咬。土蜂把身体弯曲成弓形，差不多就快合并到一起了，它用尽所有力气把自己的腹部末端挤进幼虫身体盘成螺旋状的窄小开口处，努力地将针刺入幼虫的身体中，但是始终没能刺进想要刺入的地方。土蜂想要用足和大颚制伏幼虫，它从不同侧面向幼虫进攻，但就是无法解开南方害鳃角金龟幼虫蜷曲成的环扣。而在危险的情境下，南方害鳃角金龟的幼虫越来越紧地收缩着。战斗发展到了白热化的地步，似乎不利于土蜂的进攻。南方害鳃角金龟的幼虫在它猛烈进攻时，就滑到一边，由于支撑点无法固定，手术的麻醉针也难以找到合适的位置，因此进攻持续了一个多小时，其间它们还间断地休息了几次。猎手和猎物难分难解地缠绕在一起，就如同两个扭在一起的环扣一般。

南方害鳃角金龟幼虫蜷缩成一团，一动不动地保持着有效的防御姿势，如同刺猬一样。显然，它的做法很有效。难道这是出于本能的谨慎？当然不是，它在光滑的桌面上根本就没有别的办法。南方害鳃角金龟的幼虫身宽体胖，这使得它的腿和足没有力气，而且身体弯成钩子，很难在光滑的表面展开行动，因此它只能侧躺着艰难地向前爬行。它想用大颚挖掘出一条通道钻到泥土里去，可在光滑的桌面上它毫无办法。

也许沙子可以将战斗的时间缩短，于是我就在罩底撒了一层浅浅的沙子。土蜂的进攻越来越猛烈了，而这时南方害鳃角金龟幼虫发觉到沙子的存在，就想要逃跑，这使它变得有些冒失了。然而，经验和教训并没有

一只大个头的南方害鳃角金龟幼虫在土蜂的推动下，并没有完全蜷缩成环形，只是抖动着身体，呈半开状侧身躺着，大颚一开一合地进行着防御。

让它明白，盘紧身体才是保护自己最有利的武器。事实上，盘成一团的防守方法只是在南方害鳃角金龟的幼虫期才会使用，等它长大后就遗忘了。

我找来一只大个头的南方害鳃角金龟幼虫，再次进行实验。这只幼虫在土蜂的推动下，是不容易滑走的，但它在受到猛烈攻击时，却完全没有蜷缩成环形，只是抖动着身体，呈半开状侧身躺着，大颚一开一合地进行着防御。土蜂用长满密毛的足紧紧箍住幼虫，狠狠地撕咬着，差不多历时15分钟，螫针在这块肥肉上胡乱挥舞着。最后，战斗开始减缓，螫针找到了合适的位置，只见捕猎者将螫针刺入猎物颈部下方和前足平行的中心点。幼虫除了头部的附属器官、嘴部的器官和触须外，全身都无法再动弹了。随后，我又更换了其他猎手，得到的都是同样的下针地点和同样的捕猎结果。

 ## 无比准确的螫针

有一点要说明的是，沙地土蜂比双带土蜂的进攻行为要缓和得多。这种步态沉重、善于掘沙、动作僵硬的膜翅目昆虫，它不轻易拔出螫针进行第二次攻击。在实验中，大部分沙地土蜂都不再捕获第二只猎物。接下来两天也是如此，我用麦秆反复纠缠它之后，它才会进行捕猎行动。而双带土蜂却具有着强烈的捕猎激情，它对猎物的捕捉从来就不停歇。然而，这些捕猎者也有对新的猎物不再感兴趣的时候，那时它们就不再活跃了。

那么，螫针能否精确地刺入神经中枢呢？难道不会刺偏吗？现在，让我们来研究一下吧。

首先，让我们用沙地土蜂来做个实验吧。它与猎物扭打的起初阶段，互相缠绕在一起，形状如同两个圆环一般，这两个圆环基本上呈直角交叉在一起。害鳃角金龟幼虫胸部的一点被土蜂紧紧咬住，土蜂将自己的身体绕着猎物向下弯曲，用腹部末端努力地探寻到猎物颈部中心线的位置。猎手的这种身体姿势可以使螯针毫不费力地刺入猎物体内，基本上是略微倾斜地刺入猎物的头部或胸部。由于螯针比较短，从两种相反的角度刺入，偏差会是多少呢？2毫米或者不到2毫米。如果有人认为这点偏差可以忽略不计，或者不论螯针刺向了头部还是胸部，仿佛都没关系，那就错了，其产生的效果是完全不同的。如果螯针刺入猎物的脑部神经结，以倾向头部的角度刺入，这一针就会导致猎物死亡。大头泥蜂就是这样攻击蜜蜂的，它从蜜蜂颈部下方将螯针刺入蜜蜂体内，使其一针毙命。然而，土蜂希望得到的是具有生命体征而没有活动能力的猎物，只有这样的猎物才适合喂养幼虫。一只死蜜蜂对土蜂的幼虫而言，不仅不能食用，而且是有毒害的，因为这具尸体很快就会腐烂掉。

螯针在进行攻击时，具有一定的规律性，它能够麻痹猎物，但同时又保留了猎物的生命体征，以维持其一段时间内处于新鲜状态。螯针向着胸部倾斜，就可以刺入胸部的神经结。螯针朝下一毫米能够让猎物麻痹，朝上一毫米能够让猎物死亡。如果你们担心土蜂在刺入的时候会出现偏差，那你就错了，它的螯针刺入猎物的胸部时，不论方向正反，都能够精准地倾斜刺入，不差分毫。

双带土蜂在将螯针刺入花金龟幼虫身体的第一环节和第二环节的节

土蜂必须精确地麻醉猎物，否则，猎物身上的卵或者幼虫就可能在猎物的收缩作用下被碾成粉末，或是从猎物身上跌落下去。

间膜上时，所选择的刺入点略微有些偏下。它和花金龟幼虫激战时，身体的姿势交叉着，呈直角状，然而，猎物脑部神经节和攻击点之间的距离，不足以让倾斜刺向脑部的螫针使猎物死亡。只有在少数特殊的情况下，双带土蜂才会随便刺入猎物体内，而不去考虑攻击的艺术和所刺的部位。它们探寻攻击点时，一般都是用腹尖反复寻找，在确认攻击点有效后，才刺入麻醉针。它们很有耐心，不找到准确的下针位置是绝不会贸然行动的，有时候，甚至是经过30分钟激烈的战斗后，它们才能准确地找到刺入点，将螫针精确无误地刺入。

我还看到猎手在将螫针刺入猎物胸部第一和第二环节的交界线上时，所刺的位置离中心点有一毫米的偏差。我马上把猎物从猎手那里抢了过来，想看看这样的偏差将会带来什么样的结果。

由于猎物受到的攻击略有偏差，致使它左边的足被麻痹了，也就是螫针的刺入点偏向了那一边的足，于是猎物仿佛得了半身不遂，而右半边的足依然活动自如。如果土蜂当时精确地完成麻痹手术，那么猎物就会完全失去活动能力。当然，没过多久，猎物左半身的麻醉液传到了右半身，这样它就不能再行走了。但这依然没有达到土蜂的卵或幼虫所需要的食物的安全标准。我触碰它时，它还能收缩身体。如果土蜂在这样的食物上产卵，卵可能会在猎物收缩的作用下，被立即碾成粉末，或是从猎物身上跌落下去。卵需要花金龟的肚子作为柔软的支撑点，刚刚从卵里诞生的幼虫在享用食物时，猎物是不能颤抖的，但是刺偏的螫刺却不能保证这一点。第二天，它渐渐变得瘫软无力了，这是因为麻痹程度越来越深了。但它已经不能作为食物享用了，因为在这种半麻痹的食物面前，土蜂的卵会陷入一种危险的境地。可见，螫针哪怕只出现一毫米的误差，也会让土蜂的下一代陷入危险之中。自然界赋予了这些昆虫高超的麻醉术，让它们像个最熟练的麻醉师一般，对猎物进行处理和储藏，而正是因为具有了这些本能，它才能喂养后代，繁衍至今。

第十章

以弱胜强的斗士

——蛛蜂

昆虫档案

昆 虫 名：蛛蜂

英 文 名：Tarantula Hawk

身世背景：世界各地都有分布，在南美洲和阿根廷比较多

生活习性：喜欢独居，经常在地底、石块缝隙或者朽木中筑巢

绝　　技：具有比较强的攻击性，一般会攻击狼蛛，但很少攻击人类

武　　器：强大的螫针

以弱胜强的搏斗高手

普通幼虫、害鳃角金龟幼虫和花金龟幼虫的全身几乎都可以被螯针刺入，它们没有角质层的保护，防御方法只有两种，一种是把身体蜷成一团，拼命地挣扎；一种是用大颚一张一合地吓唬敌人。这令我想到蜘蛛，它虽然有一对带毒液的大牙，让敌人望而生畏，但是它的防御能力很弱。

那么，环带蛛蜂是用什么特殊的方法，攻击凶猛的黑腹狼蛛的呢？只要狼蛛一出手，鼹鼠和麻雀等小动物的性命就要堪忧了，就连人类也对它们畏惧三分。那么，蛛蜂又是如何对付一个比自己更强健且能分泌毒液的敌人的呢？在所有捕猎性昆虫中，恐怕像蛛蜂这样的角色少之又少，面对实力悬殊的战斗，它往往是最后的胜利者。

根据蜘蛛的身体结构，我猜测猎手应该把针刺入猎物胸部中心的部位，但是这也不能说明蛛蜂就可以成功捕获猎物，也不能说明它没有伤害猎物就将其捕获了。我必须捕捉到它们，才能观察到真实情况。虽然狼蛛很容易捕获，但蛛蜂非常罕见，不易获得。

蜘蛛虽然有一对带毒液的大牙，让敌人望而生畏，但是它的防御能力很弱。

一次，我在花丛中捉到两只蛛蜂。次日我又捕到六只狼蛛。这样，我就可以让狼蛛一只一只地与蛛蜂决斗，反复加以观察。我把它们各自同一只狼蛛一起养在钟形罩下。

由于蛛蜂难以爬上光滑的钟形罩壁，就只好在钟形罩底走来走去，它的神情极为高傲，行动也非常敏捷，不停地抖动着触角和翅膀，它很快就发现了狼蛛。蛛蜂毫不畏惧地走近了猎物，绕着狼蛛一圈一圈地转，仿佛想要冲过去制伏对手。但是，狼蛛也

不示弱，立即直起腰杆，以四只后足为支撑，伸直张开四只前足，蓄势待发。它张开铁钩般带毒的大颚，一滴毒液在牙尖闪着光芒。在这令人胆战的姿势中，狼蛛将它长有黑毛的腹部和强健的胸部展现出来。见势不好的蛛蜂迅速离开了狼蛛。于是，狼蛛又恢复到8足着地的平时状态，并且闭上了带毒的螯牙。然而，一旦蛛蜂有任何细小的变化，它马上又做出恐怖的姿势来威慑敌人。

有时，狼蛛会突然跳起来，气势汹汹地攻向蛛蜂。它迅速地将蛛蜂箍住，张开大颚向对方猛咬过去。但蛛蜂并没有急于用螯针还击，而是从对方的猛烈进攻中巧妙地逃脱了。这样惊心动魄的场面出现了好几次，而蛛蜂从来没有在这种情况下受到重伤，每次它都能迅速地从对方的攻击中逃脱。接着，蛛蜂再次发动攻击，行动与反应就和当初一样，大胆而敏捷。

它为什么总能死里逃生呢，狼蛛真的无法伤害它吗？当然不是，这些狼蛛如果真的把对方咬伤了，那则是致命的。事实上，蛛蜂的身体并没有被狼蛛的螯牙咬住。如果狼蛛咬住了蛛蜂，我们就能看到带血的伤口，而且狼蛛的螯牙会在对方的伤口上紧闭着，然而没有出现这样的情况。那么，是不是狼蛛的毒牙钩不能刺穿蛛蜂的皮肤呢？当然也不是。我曾看到狼蛛的螯牙穿透过蝗虫那坚硬的前胸甲，而且将胸甲撕得粉碎。那么，蛛

沙地上，一只蛛蜂正在与庞大的狼蛛决斗。狼蛛伸直张开四只前足，奋力抵抗蛛蜂的攻击，而蛛蜂已经将可怕的螯针刺入了猎物体内。

蜂是如何从狼蛛毒牙下逃脱，而且没有受到一丝一毫的损害的呢？狼蛛又为什么不用螯牙去反击对手呢？

除了恐吓的姿态外，我什么也没有观察到。于是，我决定让战场更接近于自然环境。光滑的桌面代替土壤是不利因素之一，而狼蛛居住的洞穴，也许在攻击和防守的时候会起一定的作用。随后，我铺满一大片沙子，又在里面垂直插入一根芦竹，作为狼蛛的洞穴。我又放了几朵涂了蜜的花朵，作为蛛蜂的美食，再放入一对蝗虫给狼蛛食用。只要食物没有了，就重新补给。这样，我把笼子建成了一个向阳且通风的安乐窝，这足够使这两个家伙在金属网罩中生活相当长一段时间了。

三天过去了，金属网罩中没有任何打斗的迹象。有了头状花序植物，蛛蜂吃饱花蜜后便爬上笼顶，在上面不停地绕圈散步。而狼蛛有了蝗虫做美食，也只是静静地享用着。一旦蛛蜂向它靠近，狼蛛就猛地将身体竖起，用威胁的姿势让对方不要靠近自己。而芦竹也成为狼蛛和蛛蜂的避难所，它们轮流进入其中躲避。狼蛛和蛛蜂就这样相安无事，生活得很惬意，实验没有结果就结束了。

于是，我不得不再换一种研究办法。我将两只蛛蜂放到自然环境中进行观察，把它们放在狼蛛的洞穴口，并随身带了一个金属网罩，一个玻璃钟形罩和其他一些工具，以便操纵和转移昆虫。

很快，狼蛛的洞穴被我寻找到了。我先用一根麦秆伸到洞内进行探测，发现洞穴里居住着一只狼蛛。我将洞口周围刨平整，并清理干净，以便把装有一只蛛蜂的金属网罩安放在洞穴口上方。我等待了 30 分钟，依然没有什么动静，蛛蜂只是在金属网罩上方来回盘旋，面对这个洞穴，它一点儿也不感兴趣。然而，我观察到洞穴里狼蛛的眼睛，时不时地发出了兴奋的光芒。

于是，我把金属网罩换掉，改用玻璃钟形罩。因为蛛蜂不能爬到玻璃罩的高处，不得不在地面上待着，它在地面上徘徊了几圈后，蛛蜂便开始注意那个洞穴了，并开始用足把洞挖开了一点，然后毫不犹豫地钻了进

透明的玻璃罩中，一只蛛蜂因为无法攀爬光滑的罩壁，将注意力转向了地面的洞穴。它正一点点钻进那个狭窄的洞里。

去。我只听到洞穴中传出扇动翅膀的声音，大概是狼蛛和蛛蜂在决斗吧。那么它们谁是最后的胜利者呢？

狼蛛匆忙地从洞穴中跑出，4只前足伸直成防御的姿态，张开螯牙，在洞口驻扎好。而蛛蜂也随后从洞中出来了，它经过驻扎在洞口的狼蛛时，受到了狼蛛的攻击，但狼蛛又立刻逃回了家中。接连三次，狼蛛没有受到一点儿伤。它总是从洞中出来，然后在洞口等待入侵者，和它稍作打斗，便急忙返回洞中。我不断改变洞穴，并且轮流使用两只蛛蜂进行实验，但是似乎没有什么进展。

这个白费力气的实验令我很沮丧，那两只蛛蜂被我再次放到金属网罩里饲养，罩底铺了一层细沙，并将芦竹插入，同时放置了花蜜。它们在那里又遇到了以蝗虫为食的狼蛛。这种生活过了三周后，除了越来越少的打斗场面和威吓动作，什么事也没有。最终，那两只蛛蜂死去了。

九月时，在蛛蜂死后的半个月内，我又捕获了一只滑稽蛛蜂，它的外表同前一种蛛蜂一样炫目，个头也非常相似。它是蛛蜂的一种，但它属于哪一种呢？它以什么为食呢？彩带圆网蛛和圆网丝蛛都有可能，这是在法国除了狼蛛之外身材最大的蜘蛛了。这两种圆网蛛同时被我捕获到了，

蛛蜂动作敏捷地将圆网蛛掀翻在地，此刻，它与圆网蛛头顶着头，腹贴着腹，试图尽快将螫针刺入圆网蛛的口中，好彻底麻醉难缠的猎物。

那么就让我拿它们来喂养滑稽蛛蜂吧。接下来，就让滑稽蛛蜂根据自己的喜好挑选食物吧。

彩带圆网蛛被滑稽蛛蜂选中了，但是它也不是好惹的。当滑稽蛛蜂靠近它时，它也如同狼蛛的样子，立即作出防御姿势，把腰杆挺直。可是，滑稽蛛蜂才不管它的恐吓姿势，只见它以迅雷之速冲向彩带圆网蛛，动作极为敏捷。第一个回合，彩带圆网蛛就被滑稽蛛蜂掀翻在地。蛛蜂压在上面，与圆网蛛头顶着头、腹贴着腹，并用大颚咬住对方的头、胸部，彩带圆网蛛的足被蛛蜂用足控制着，蛛蜂用力蜷起腹部，向下方伸过去，然后拔出螫针，从后到前刺入彩带圆网蛛的口中，这一针既坚决又谨慎。

惊心夺目的悬殊之战

在讲接下来的故事之前，我们先来了解一下彩带圆网蛛所拥有的两颗锋利的螫牙。如果被彩带圆网蛛带有毒液的螫牙咬中，滑稽蛛蜂一定会死亡。而蛛蜂要麻痹对手，就必须施展出一种高度精确的剑法。面对这样的危险，想要实施麻痹手术，它必须先解除猎物毒牙的威胁。

　　所以，当蛛蜂的螫针恰到好处地刺入彩带圆网蛛时，彩带圆网蛛那铁钩一般的毒牙便失去了活力，慢慢地合了起来，恐怖的武器就这样给解除了。蛛蜂弯曲成弓形的腹部松弛下来，螫针所刺入的地方是彩带圆网蛛第四对足后的中线，基本上一直到达头部和胸部连接的地方。这里的皮肤更细腻，而其他部位的皮肤则没有这么光滑，所以这里更具穿透性。彩带圆网蛛除了胸部这一点，其他地方都是坚硬的角质层，螫针很难刺穿。另外，这一点的偏上方，就是彩带圆网蛛 8 只足活动的神经中枢，又由于螫针是从后向前刺入，所以螫针可以刺进神经中枢。这一针使圆网蛛的八只足同时被麻痹了，从而失去了活力，这样蛛蜂就可以为子女提供新鲜的美食了。

　　通过对蛛蜂同类的观察，我们可以了解到蛛蜂是如何消灭狼蛛了。它先将狼蛛摔倒在地上，然后用麻醉针刺入狼蛛的口内，再在它胸部刺一针，从而麻痹了狼蛛的 8 只足。

　　此时，彩带圆网蛛在被攻击的 1 分多钟内，它的足仍然抽搐不停，然而滑稽蛛蜂一刻也不松开它，它用螫牙尖在彩带圆网蛛的口腔里反复搜索，仿佛是在确定那带毒的螫牙是否已不再具有危险了。接下来，蛛蜂开始把猎物运回去。

　　彩带圆网蛛的肢体在这过程中已经被完全麻痹，失去了活力，我用铁丝尖触碰它，也没法弄醒它。而只要我轻轻一碰彩带圆网蛛的触角，它就颤抖不已。我将它装到一只瓶子里。一周后，一部分的应激反应能力又出现在彩带圆网蛛的身上，它有所恢复了。在铁丝尖轻微的碰触下，它能够轻轻地摆动着足了，活动最明显的是小腿和跗节最后面的两个关节。但触角仍然是它摇摆活动最强烈的部位，然而这样的活动并不自然，也显得没有气力，它不能凭借这些活动翻身，更不能进行爬行。至于带毒液的螫牙，它已经完全被麻痹了。这就解释了为什么一开始发起攻击时，滑稽蛛蜂螫刺口腔的动作是那样坚定。

　　一个多月后，到了九月底，彩带圆网蛛只在我刺激它的触角时才颤动几下，仍然处于要死不活的状态，而其他部位完全没有任何活力了。六

到七周后，它的肢体渐渐腐烂了，死神降临了。

我在蛛蜂口中抢回的狼蛛，和环带蛛蜂捕获的狼蛛没有什么两样，无论我如何刺激它，带毒的螯牙也一动不动，彩带圆网蛛也是这样。这证明彩带圆网蛛与狼蛛一样，大颚都被蛛蜂用螯针麻醉了。其不同之处在于，狼蛛的触角在几星期内都有着强烈的应激反应，还能够活动。这可是非常重要的一点。

值得向大家讲解的是，我两次看到彩带圆网蛛在战斗过程中，采用了一些骗人的诡计。虽然这个家伙武装精良，却一点都不敢同没有自己强大但非常勇敢的对手决战。

彩带圆网蛛在金属网罩里，紧紧地占据着网壁，并在蛛网中张开八只长长的强壮大足。而滑稽蛛蜂则虎视眈眈地盯着它，寻找着进攻的机会。彩带圆网蛛一看到敌人有所行动时，就从网壁跌落到地面，仰面朝天躺在那里，八只足在胸前紧紧收拢。这时，蛛蜂敏捷地冲了过来，牢牢地将彩带圆网蛛箍住，在它身上不停地搜索，并做出要在彩带圆网蛛口中进行手术的姿势。然而，它并没有急着进行麻醉，而是一点一点地靠近彩带圆网蛛，仿佛在探测什么似的，随后它迅速离开了。彩带圆网蛛依然没有什么动静，以至于我误认为躺在原地的彩带圆网蛛被蛛蜂刺死或者麻痹了。于是，我从笼中取出了彩带圆网蛛，进行检查。可是当我刚把它放到桌面时，它就猛地跳了起来。这个家伙在强敌面前居然会装死，还骗过了认真的蛛蜂。这也许是因为彩带圆网蛛身上带有的腐臭味被滑稽蛛蜂闻到了，于是彩带圆网蛛没有被伤害。

但是，这种诈死术虽然有时可以保住性命，但往往也会将狼蛛、彩带圆网蛛等蜘蛛置于危险之境。经过一番战斗后，蛛蜂把蜘蛛打倒在地的同时，也清楚地认识到这个躺在地上的家伙在装死。而蜘蛛却自以为这样能够成功保护自己。蛛蜂再也不犹豫，它利用这个机会，将螯针刺入了蜘蛛的口内。如果那时蜘蛛没有装死，而张开铁钩一般带毒的螯牙，不停地拼命乱咬，蛛蜂一定不敢把自己的腹部末端暴露在致命的毒螯牙下面，而

金属网罩中，蛛蜂一点一点靠近彩带圆网蛛，像在探测着什么，随即又迅速地离开了。

正是这个诈死术，让弱小的蛛蜂抓住了致命的一击。看来在某些情况下，凶猛抗击仍然是一种抵御敌人的有效方法。

现在再说一下弑螳螂步甲蜂吧，它攻击螳螂时，带双锯的前足是其首先选择刺入的地点，如果对这一目标攻击失败，螳螂可能就会把它抓住，甚至是掐死，最后将弑螳螂步甲蜂变成美食。弑螳螂步甲蜂为什么只攻击这里，而不攻击螳螂防御最弱的地方呢？

同样，蛛蜂的攻击点也是固定的。圆网蛛和狼蛛身体上最难以攻击，最让人胆战心寒的部位，就是它们那两个尖尖的螯牙，并且如铁钩一般，上面还悬挂着毒液。然而，勇敢的蛛蜂仍是义无反顾地选择那令人心寒的口器作为进攻点。猎物的腹部不仅肥厚而且容易攻击，为什么它不去攻击那里呢？

从上面的例子我们可以看出，决定捕猎者攻击方法的是猎物身体的内部生理结构，而猎物的外部形态特征与攻击方法毫无瓜葛。攻击点的选择并不只是以"易穿透性"为准则，猎手们选择这些点，是因为猎物的神经中枢分布在这些点的附近，而猎手则必须消除这些神经中枢的反应，它仿佛对猎物的神经支配器官的重要性非常清楚。

现在，我举一个精确攻击的例子。弱小的蛛蜂捕杀了庞大而凶悍的

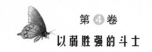
圆网蛛和狼蛛。猎物的口器内被蛛蜂刺入了第一针，这两种猎物的毒牙就马上被麻痹了。但是，紧靠攻击点的触角和口器的附属器官仍然具有活动能力，在接下来的几周里，猎物的触角仍可以随意摆动。虽然螯针刺入口内，但它一点也没伤害到猎物的脑部神经节，否则猎物会立刻死去。这样，猎物就无法长期保持生命力，而在几天内就会变成一具腐烂的尸体。猎物可以保鲜，这依赖于它脑部神经中枢支配的完好。

那么，猎物螯肢受到什么样的损伤，才会被完全麻痹呢？为了去除带毒螯肢的威胁，并且仍然使触角具有活动能力，同时不损害猎物的脑部神经节，蛛蜂只有一条路可走，那就是螯针必须精确地刺伤控制螯肢的两根神经，可那神经如游丝般微细。总之，它在进行外科手术时必须非常谨慎，以免毒液伤到临近的神经。这就解释了为什么土蜂的螯针要在猎物口中长时间停留：螯针需要一段时间才能找到不足 1 毫米粗的神经，然后将它麻痹。而螯肢旁活动自如的触角则告诉我们，蛛蜂不仅手法精湛，而且是一名活体解剖家。

另外，猎手的麻痹手术说明，在整个行动中最重要的一环是，它们必须精确地寻找到猎物胸部的第一个神经节。毛刺砂泥蜂对幼虫进行的夺命三刺，尤其是最后刺向猎物的第一、第二对足之间的一针，蜇的时间比较长，比对猎物腹部神经节蜇的时间还要长。这说明，螯针必须找到相应的神经节，才能精确地进行蜇刺。然而，猎手对猎物腹部的麻醉手术就不需要这样精细了，只要一节接一节地刺入螯针，将猎物迅速麻醉就可以了。另外，毛刺砂泥蜂还会通过毒液的扩散来完成对猎物的麻痹，当然这只针对没有威胁的猎物。虽然手术时间非常短，但是下针的点绝对不会远离这些神经节，如果远离的话，就会使毒液难以起到应有的作用，因为扩散的范围是有限的，要注射许多针才能将猎物完全麻醉。

第十一章
拥有毒针的刺杀者
——蜜蜂

昆虫档案

昆虫名：蜜蜂

身世背景：蜜蜂科膜翅目昆虫,全世界均有分布,通常呈黄褐色或黑褐色,有两对膜质翅,胸部有螫针,一生要经过卵、幼虫、蛹和成虫四个虫态

生活习性：一种会飞行的群居昆虫,以花粉和花蜜为食,终日忙着采蜜,只在冬季短暂休息;习惯群居生活,每个群居体中都有一个能产卵的蜂王,还有工蜂和雄蜂两种居民

武　器：剧毒无比的螫针

天　敌：胡蜂

刺入昆虫体内的蜂毒

现在我们来看一个化学问题吧。从化学角度来看，蜂类作为膜翅目昆虫，毒液成分主要由两类物质构成，即酸性物质和碱性物质。由于酸性毒液在大多数捕猎性昆虫那里普遍存在，因而这些毒液注入猎物体内后，能够使其依然具有活力。

如果说，酸性毒液进入猎物体内后，能够使昆虫保持新鲜，那么，蜜蜂螯针中所具有的酸碱毒液是否具有麻醉的作用呢？因此，我打算研究一下蜜蜂的捕猎艺术，看看它是否能够在不杀死对手的同时麻痹对方呢？

然而，由于蜜蜂并不听从我的摆弄，这个实验做起来非常困难，我

必须让它的螫针准确地刺进捕猎性昆虫刺入的部位，但它挥舞着刺针，不停扭动着，甚至有时还刺伤了我的手指。于是，我只好用剪子把蜜蜂腹部剪下，希望这样可以控制这根螫针，然后用小镊子立即把螫针夹起，并靠近想要刺入的部位。

有这样一个常识，蜜蜂腹部突然受到死亡的袭击时，它的腹部不需要头部发出指令，还可以保持一会儿蜇刺的状态，于是我准备利用这一点来做实验。此外，这样还可以让蜜蜂带刺的螫针在猎物的伤口中多停留一会儿，让我对螫针的攻击点进行准确的观察。如果过快地从猎物体内抽出螫针，那就难以进行观察了。

但是，蜜蜂腹部被剪下后，虽然听话了一些，可是我仍然无法完全控制，下针点也很难达到精确程度。我希望它从这一点刺入，可它偏从那一点刺入，尽管偏差不大，但要使所刺猎物的神经中枢不受伤害则要靠得特别近才行。

还有一点要说明的是，我无法用语言形容被蜜蜂螫针刺中时的疼痛。在没办法弄清它的毒液所具有的化学性能前，我只能以被蜇刺的伤痛程度来比较它们毒液的性能。

根据伤痛情况，我用蜜蜂的螫针对猎物进行蜇刺，这一针的麻醉效应超出了麻醉专家们所造成的伤痛数倍。然而，由于螫针不听使唤，其实验的结果五花八门，极其混乱。蜜蜂蜇刺的对象出现了各种各样的情况，有偏瘫的、麻痹的、行动失调的，还有遭刺后马上恢复过来的，以及暂时性或永久性残废的，甚至立即死掉的。这一百多次的尝试可以说是毫无益处。所以，我归纳了一下这些尝试，并给大家举一些例子来说明。

我这儿最强壮的螽斯，是一只巨型白额螽斯，我将螫针直接刺入它前足所在的前胸的中心点上。距螽和蟋蟀的捕猎者蜇的也是这个位置。这只白额螽斯被蜇之后，竭力挣扎，暴跳如雷，随后便跌落在地，瘫痪在那里。除前足被麻痹外，其余的足仍然可以活动。白额螽斯侧身瘫痪，已无力挣扎，过了一会儿，只有唇须和触角轻微颤动，产卵管强烈伸缩，腹部

一只巨大的白额螽斯被蜜蜂的螫针
刺中了，它竭力挣扎着，随后便跌
落在地，瘫在那里。

剧烈痉挛，这些表现说明它还活着。只要稍微轻触它的 4 只后足，还可以
发现它的后足还能动弹，尤其是第三对粗壮的大腿还可以发力乱踢。到了
第二天，情况还是这样，但麻痹程度有所加重，中足也麻痹了。到第三天
的时候，它的 6 只脚全部不能活动了，但是触须、触角和产卵管还可以活
动。到了第四天，螽斯的体色呈现为深黑色，这表明它已经死了。

　　我们可以从上面的例子里得出两个结论，第一个结论是，蜜蜂螫针
中的毒液剧毒无比，只要在白额螽斯的神经中枢上螫一针，它就无法活过
四天，尽管它是直翅目中最庞大、体格最健壮的昆虫；第二个结论是，麻
痹在一开始只能控制到神经节所控制的前足，而后缓慢地蔓延至第二对足，
最后再传递到第三对足，可见毒液是从局部扩散到整个身体的。所以，对
于捕猎性昆虫的猎物来说，麻醉剂很容易在它们的身体上扩散开来，但在
捕猎性昆虫的进攻中却没有起到什么作用。在产卵期快要来临时，猎物被
捕获后必须完全没有知觉，这样才能为虫卵提供一个安全的环境。因而当
猎物被螫时，其控制运动的神经中枢就迅速被毒液摧毁了。

　　那么，为什么捕猎性昆虫的毒液不会让猎物产生痛觉呢？如果它的毒液类似于蜜蜂的毒液，一蜇就能够将猎物置于死地的话，对猎手尤其是卵来说，是很危险的，猎物的剧烈运动随时威胁着卵的安全。所以，它总是温和地将毒液慢慢注入猎物的各个中枢神经，使猎物马上瘫痪，动弹不得，同时也不会马上死去，这是捕猎性昆虫作为一个优秀麻醉师令人赞叹的才能。

　　我们还可以从另一个例子得到验证。我选用了一只绿色的巨大雌性蝈蝈成虫来做实验。我准备在它前足纹路的中心点上刺入蜜蜂的螫针。让我想象不到的是，在两到三秒过后，蝈蝈痛苦地挣扎着，抽搐个不停，接着就侧身躺下了，除了触角和产卵管，全身已经不能动了。但当我拿刷子轻敲它的头时，它的四只后足却夸张地摇摆起来，还将刷子夹了起来。由于它的前足神经支配中枢被损害了，因此它再也无法动弹了。三天后，它还是保持着这样的状态。到了第五天，麻痹扩散后，它的触角仍然可以摆动，产卵管也还能收缩，腹部仍旧在抽搐。又过了一天，蝈蝈变成了黑色，这证明它已经死了。可见，蝈蝈除了生命力更持久外，状态和白额螽斯几乎一样。

　　接下来，我们来研究一下不在胸部神经节上刺入螫针的情况。我找来 1 只强壮的雌距螽，然后在它腹部的中间部位蜇了 1 针。它被蜇过后，仿佛没有感到一丝痛苦，反而英勇地爬到罩住它的玻璃钟形罩的四壁上，不但跟没被蜇到一样，甚至还悠然地饱餐着葡萄叶。这说明这一针对它没有形成什么致命伤。几个小时后，仍然没有发生什么意外，它已经复原了。

　　于是，我又进行了第二次实验，我在距螽的腹部中央及两侧，分别进行了三次蜇刺。第一天，它并没有什么疼痛的反应，我也没有看到它有什么意外的状况。但是我知道那些伤口是非常灼痛的，可见这些家伙对疼痛的忍耐力是极强的。到了第二天，距螽变得步履蹒跚起来，爬行速度非常缓慢。又过了两天，如果把它仰面朝天地放在那里，它就没有力气再翻转回去了。它的生命勉强走到第五天，终于死亡了。我在这次实验中，连续用螫针螫了它三下，下手有些太重了。

接着，娇弱的蟋蟀又成了我的实验对象。我用了同样的方法，先在蟋蟀的腹部螫了1下，它疼痛了一整天的时间，才从痛楚中恢复过来，并能够啃食青绿色的生菜叶了。但是，只要多螫它几针，等着它的就一定是死亡。也有一个例外，那就是花金龟幼虫，它居然能在我接连刺了三到四下后，依然活了下来。我看到它被刺后，身体突然变软、摊开、松弛下来，我还以为它死了或麻痹了，但是没过多久，它居然开始慢慢地爬行，并钻进了腐烂的泥土中，这真是让我有点儿糊涂了。也许是它那稀疏的纤毛和肥厚的胸甲作为坚实的屏障，抵御了致命的螫针，因而才得以平安无事吧。可见，如果螫针直接刺入胸神经，猎物必死无疑。如果选择在其他地方刺入一针，就只能使猎物疼痛一会儿。因而，只有在神经中枢上刺入毒液，其毒性才能发挥作用。

距螽的忍耐力是十分强的，直到被螫针刺中的第二天，它才变得步履蹒跚起来，缓慢地在泥沙上爬行着。

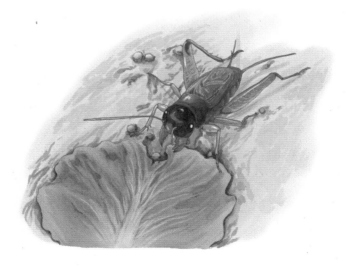

但如果把"胸神经节被刺，死亡立即降临"的观点当做定论，恐怕还没有足够的证据。我无法把握刺入的深度与部位，也没有能力掌握毒液排出的量和螫针的方向，同时也不能让剪下的蜂腹得到应有的营养。因此，在对猎物进行实验时，我失去了昆虫那种高超的捕猎技巧，不能精确地将蜂腹的螫针刺入，所以得到的结果也并不一定十分准确。下面，我们可以来看几个有趣的例子。

修女螳螂锋利的前足处的胸部被我用螫针刺了一下，如果螫针刺入中央，出现了上面多次被证实的结果，那就不足为奇了。可是，螳螂头部那里的刀形前足突然不能动了，停止之快出乎我的意料。一般来说，在一到两天里，锋利的前足上的麻醉剂就会扩散到其他几个足上，被麻醉的螳螂在一周后就会死掉。然而，螫针的刺伤并没有在胸部的中心，刺入点是足根部，与中心点的距离还不到一毫米。在这条足被麻痹时，另一条足却一点儿事也没有，就在我给它进行麻痹的瞬间，螳螂就迅速地用这条足末端的钩子把我的手指给钩破了。第二天，它之前钩伤我的那条足已经没有活动能力了，但麻痹并没有再扩散到其他部位。螳螂依然能够缓缓地爬行，但在它笔挺的胸前，锋利的臂铠甲垂在了两旁，一点力气也没有，那原本是它收拢在胸前、随时待命的武器。这只残废的螳螂在我这里活了十二天，由于它失去了钳子，无法将猎物夹起来，并送进嘴里填饱肚子。因此，它很可能是饿死的。

另外，还有一个行动失调的例子。那是关于一只距螽的故事，我在它的胸甲的中线外刺入了螫针，使它失去了行动的协调性，虽然六只强有力的大足还能活动，但是它已经没有行动的能力了。它的动作笨拙而怪异，难以把握前行的方向。

还有一个偏瘫的例子。一条花金龟幼虫被我用螫针刺伤了偏离前足位置的部分，它身体的左半侧开始浮肿，起了皱纹，蜷缩得越来越厉害；右半侧则开始松弛、摊开，却完全不能收缩。由于左右两边动作不能协调一致，幼虫难以像原先那样蜷成环形，而是变成了左侧紧缩成圈，右侧则

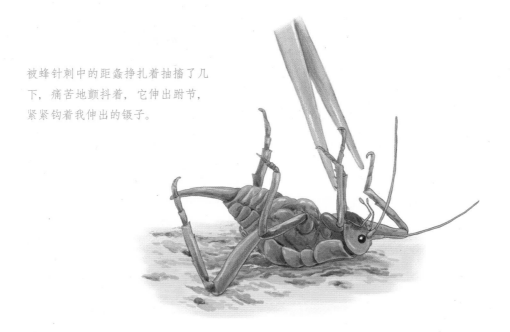

被蜂针刺中的距螽挣扎着抽搐了几
下，痛苦地颤抖着，它伸出跗节，
紧紧钩着我伸出的镊子。

半敞开着。因为毒液只是将神经器官的集中点纵向的一半感染了，所以才会产生这种奇特的现象。

那么，在蜂类毒液刺入猎物体内的情况下，是否能达到捕猎昆虫所要求的状态呢？当然可以，我能够用实验加以证明。但这种实验不仅要付出耐心，还要付出昆虫的生命，由于代价太大，所以只要有一次成功就可以了。

蜂针刺进一只雌距螽的胸部，刺入点离前足非常近。它挣扎着，抽搐了几秒钟后，就侧身跌倒了，接着腹部开始缓慢地搏动，触角柔弱而痛苦地颤抖着，足部偶尔轻微地动几下。它的跗节紧紧地把我伸出的镊子钩住。于是，我把它翻转着放下，它就一直保持这个姿势，一动也不动了。它这种情况和被朗格多克飞蝗泥蜂蜇过的距螽完全一样。在3周内，它那长长的触角还可以抖动，跗节和触须轻微颤抖着，螯肢半开着，产卵管仍然在跳动，隔一段时间腹部就会抽动几下，如果用镊子触碰它，还可以看到它残存的生命在挣扎着。到了第四周，那些残存的生命迹象渐渐地消失了，但距螽仍然处于一

种新鲜的状态中。1个月后，被麻痹过的距螽慢慢变成褐色，死掉了。

随后，我又用蟋蟀和修女螳螂做了一些实验，实验非常成功。在实验中，它们都能够发出轻微的动作，这证明其生命依然残存，并且都能够长时间地保持新鲜状态。捕猎性昆虫的受害者与我的受害者表现基本一致，步甲蜂和飞蝗泥蜂也都会接受这样的受害者。我做实验用的距螽、蟋蟀、螳螂和昆虫猎手捕获的猎物一样，都能将新鲜状态保持一段时间，这些食物完全能够满足那些幼虫完成变态后的需求了。

现在，我们知道蜂类的毒液不仅含有剧毒，而且其毒液的效果与捕猎性昆虫完全一样。毒液的酸碱性并不重要，重要的是两种毒性都能将神经中枢毒化和摧毁，并且会因为感染的部位或方式不同，而导致猎物或麻痹，或死亡。哪怕是极微量的毒液，都异常可怕。虽然毒液的作用还难以弄清楚，但我们知道了捕猎性昆虫对幼虫食物的保存方法，取决于猎手捕猎时螯针的极度准确性，而不是毒液的特性。

昆虫们为了生存，都必须努力寻找能够让它们存活的条件。捕猎性昆虫凭借着娴熟的捕猎艺术以及与生俱来的天赋，将它们的种族繁衍至今。

第十二章

蠕动的挖掘者

——天牛

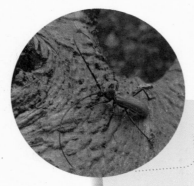

昆虫档案

昆 虫 名：天牛

别　　名：天水牛、八角儿、牛角虫、花妞子等

身世背景：鞘翅目叶甲总科天牛科昆虫的总称，分布广泛，全世界约有两万多种；有长长的触角，有一些属于害虫，会对树木或建筑物造成危害

生活习性：属于植食性昆虫，一般待在树干内越冬，啮噬树木；幼虫喜欢蛀蚀树干和树枝，影响树木的生长发育

武　　器：螯牙

天　　敌：啄木鸟

第十二章
蠕动的挖掘者——天牛

用步泡突蠕动的挖掘者

在冬天快要来到的时候，我开始着手储备木材，作为寒冷冬季的取暖用品。我再三向伐木工表示，把木区内年龄最大的树木给我，而且越是有蛀痕的越好。伐木工对此并不理解，他笑我不知道哪种是可供取暖的好木材。

现在让我们来看下那些木材吧。这是一些橡树树干，上面伤痕累累，一条一条的伤口里都流出了褐色树脂，并且飘出了皮革的味道。树木的枝干都被昆虫咬坏了，树干的一侧有一条沟痕，非常干燥，各类昆虫都开始为冬季的到来做准备了。壁蜂在长廊中修筑好了暖和的房间，它的居所是用嚼碎的树叶筑造的，吉丁的杰作是一条扁平的长廊，切叶蜂在宽敞的前厅和蛹室里用树叶编织成自己的睡袋，而那毁坏橡树的天牛，正躺在满是汁液的树里休息。

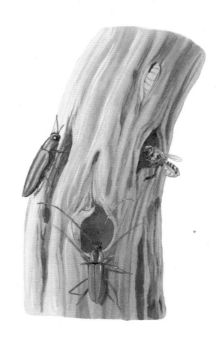

寒冷的冬天就要来临了，各种昆虫都趴在树干上，忙着修筑房屋和储存粮食。

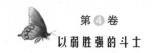
在生理结构上，天牛的幼虫和其他昆虫相比较，就如同一小节可以蠕动的小肠。每到八月十五的时候，有两种不同年纪的天牛幼虫就会在我眼前晃动。一种是岁数小的，只有粉笔直径大小；一种是岁数大些的，如同手指般大小。另外，我还看到过一些完全成形的天牛，还有一些天牛蛹，它们的颜色深浅不一。当天气温暖后，它们就从树干里慢慢爬出来，看上去懒洋洋的。天牛大约要在树干中生活3年之久，这样漫长的日子，真不知道它们是怎么度过的。在粗壮的橡树干内，天牛的爬行极为缓慢，它们不停地挖掘着通道，并以挖掘出来的木屑为食。当这美餐成为排泄物后，就会在它的身后堆积得如同小山一样，一条被啮噬过的烙印便出现了。幼虫的进食与修筑通道是互不影响的，它就这样一边吃东西，一边开凿出了一条道路来。天牛幼虫的食物和居所，都是这样获得的。

天牛幼虫的形状就如同杵头一般，它身体的前半部承受着全部肌肉的力量，两片半圆凿形的大颚在这样的情况下才能进行正常的工作。更为关键的是，大颚作为挖掘工具，具有强大的支撑力量。黑色角质盔甲围绕在天牛幼虫嘴边，可以用来加固它的两片大颚。除了这一部分，幼虫其他部位的皮肤细腻而洁白。之所以能有这样的皮肤，是因为营养丰富的脂肪层堆积在幼虫的体内，可是这对于整天不停地啃嚼木屑的昆虫来说，真是叫人有些不敢相信。天牛幼虫怎么能从那些木屑的饮食中获得如此丰富的营养成分呢？

天牛幼虫的足分为三节，而且已经退化了，它的第一节足仿佛圆球一般，而最后一节足却又如同针一般细小，长度只有1毫米，对于爬行并不能起到什么作用。由于身体肥胖，它们的足根本连身体都无法支撑，而且连地面都够不到。不过，不用担心天牛幼虫没有爬行器官，它的特别之处就在于爬行器官长在背部。

天牛幼虫身上长有步泡突，呈现为四边形的一个平面，在它腹部的前7个环节上，背面和腹面都各长有一个步泡突。从它背部的血管来划分的话，可以将背面上的步泡突一分为二，而腹部下面的步泡突则很难看出

被分成两个了。这种可以使幼虫随意膨胀、下陷、突出、摊平的器官，就是它的爬行器官。天牛幼虫首先将后部的步泡突鼓起，使前半部的步泡突被压缩起来，这样它就能前行了。这是由于它有着粗糙的表面，而窄小的通道壁能够使后面几个步泡突紧紧地固定在上面，以此作为支撑，再对前面几个步泡突进行压缩，在伸长身体的同时，将身体的直径缩小，于是它就能够向前爬行了。随后，在它身体伸长后，还要将前部步泡突作为支点鼓胀起来，同时将后部步泡突放松，这样可以让身体达到自由收缩的目的，从而拖着后面的身体前行，这样它才算走完一步完整的路。

　　天牛幼虫之所以能够通过交替收缩和放松身体来前进，完全是因为它的背部和腹部在支撑着身体。但是在光滑的桌面上，天牛幼虫如果想要行走，那可比登天还难。如果它只用一个背腹面的步泡突来行走，那它也寸步难行。它只能在有裂痕的橡树干上，借着凹凸不平的粗糙树表，才能左右摇摆着行走，缓慢地抬起并放低身体的前半部，这样不停地扭曲着身体前行。对于它来说，这已经是行动的最大步伐了。它的足部已经完全退化，起不到一点儿作用，有了自由收缩的爬行器官，足还有什么意义呢？

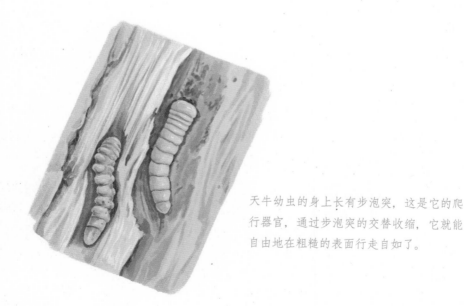

天牛幼虫的身上长有步泡突，这是它的爬行器官，通过步泡突的交替收缩，它就能自由地在粗糙的表面行走自如了。

如果幼虫的足在蛹化为成虫之前，一点都不能发挥作用的话，那么蛹化为成虫后所具有的眼睛，更是在幼虫身上没有丝毫视觉器官的痕迹。在树干内过着黑暗生活的幼虫，或者根本用不到眼睛。另外，天牛幼虫是否有听觉呢？答案是否定的。

为了近距离观察天牛幼虫，我将树干剖开，可以看到里面有半截通道。在这种安静的环境里，幼虫边休息边开凿长廊，休息时就用步泡突把身体固定在通道两壁。于是，我选择在它休息时测试它的听力。但无论是金属的打击声，还是锉木头的声音，甚至是我用硬物刮身旁的树干，模仿其他幼虫啃噬树干的声音，都无法让天牛幼虫有所回应。它们毫无反应，因为它们根本听不到。

那么，天牛幼虫有没有嗅觉呢？当然也没有。嗅觉的作用是帮助我们享受并寻找美食，但是天牛幼虫根本就不用找美食。居所处的木头就是它最美味的食物。我找到一段柏树干，并在里面挖掘出一段沟痕，其直径大小就和天牛幼虫的天然居所差不多，然后把天牛幼虫放到里面去。我们可以观察一下，在具有强烈树脂味的柏树里，天牛幼虫是否会感到不适。只见它很快就爬到通道的尽头，然后就一动不动了。它的身体没有抖动，也没有逃走的企图。要知道，舒适的位置可以使幼虫不再移动。随后，我又分别将樟脑和萘放到离天牛幼虫很近的地方，结果它都没有反应。这样的实验告诉我们，天牛幼虫也是不具备嗅觉的。

现在，让我们来看看天牛幼虫的味觉如何吧。在橡树内生活了三年之久的天牛幼虫，唯一的食物便是橡树，那天牛幼虫的味觉会如何呢？也许它会觉得这些干燥的木屑没有味道，而新鲜多汁的橡树干才是它的最爱吧。

接下来，我们再来看看天牛幼虫的触觉吧。它的触觉是被动的，而且分散在全身各处。被针刺后，天牛幼虫会因痛苦而扭曲。由此可见，天牛幼虫对味觉和触觉的感觉能力虽然比较迟钝，但它还是具有这两种感觉的。对于天牛幼虫来说，它可能只知道哪种木质好吃，哪种不好吃，以及皮肤在经过没有刨光的通道壁时的刺痛感。

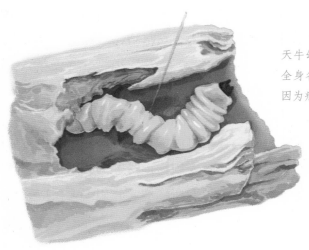

天牛幼虫的触觉比较迟钝，分散在全身各处，受到外界刺激时，它会因为痛苦而全身扭曲。

　　令人想象不到的是，天牛幼虫具有预知能力，可以预测到将来发生的事。这三年里，天牛幼虫在橡树干内爬来爬去，过着四处流浪的生活。如果其他地方有美食，它会放弃嘴边的食物而去寻找。但它决不会舍弃温度适宜和安全的生存环境。遇到危险时，天牛幼虫就必须离开这个树干，挺身到外面的世界去寻找新的适宜环境。天牛幼虫天生拥有强健的体魄和精良的挖掘工具，要钻入另外一处优质的树木里并不是一件难事。那么，将来天牛成虫是否也具有这样精湛的挖掘能力呢？它能为自己开凿出一条通向光明世界的道路吗？

　　幼虫所开凿的那些道路就仿佛一个迷宫，里面堆放着各种坚硬的障碍物，直径从尾部向前逐渐缩小。幼虫在很小的时候就钻入树干里，但现在它已经长成手指那么粗细了。在树干中的三年生活，幼虫一直都是根据自己身体的直径来进行挖掘工作的。因此，这样狭小的空间是不能让成虫通过的，它那修长的足和伸长的触角，以及坚硬的甲壳都是无法克服的阻碍。因此，它只有将通道里的障碍物清理干净，并把通道直径加大加宽才可以出去。

那么，成虫天牛是否能为自己开辟出一条新的出路呢？答案是否定的。我劈开一段橡树干，挖凿出一些适合天牛成虫生活的洞穴，并放入刚完成蛹化的成虫天牛，然后用铁丝把两段树干连好。然而，一只天牛也没有逃出来。当我再次剖开树干时，里面的天牛全都死掉了。它们全部的劳动果实就是一小撮木屑。

于是，我又做了一段与天牛天然通道直径相当的芦苇管，把成虫天牛放在里面，用一块 3～4 毫米厚的天然隔膜当障碍物，其质地并不算坚硬。最后，一些天牛逃了出来，而还有一些天牛仍然没有逃出。

可见，天牛成虫必须依靠天牛幼虫的智慧才能逃出树干。尽管啄木鸟这个天牛幼虫的天敌会在树干里寻找着美味的昆虫，但天牛幼虫还是毅然离开了安全的居所，冒着危险一点一点地向树表靠近，并向橡树的表皮进发，开凿着通道，在树表处留下一层薄薄的窗帘作为遮掩。有时，一些幼虫甚至会直接留出一个通道口，而将窗帘捅破。于是，在天牛成虫想要离开通道时，只需用额角和螯肢捅破这层窗帘，就能够顺利逃走了。如果通道的尽头没有窗帘，而是通透的，那就可以直接离开了。

当天牛幼虫将逃走的出口开凿出来后，就又会接着做其他的开凿工作了。在长廊中不太深的地方，它在出口的一侧开凿出一间蛹室。这个窝非常宽敞，长达 80～100 毫米，呈扁椭圆形，截面上有两条长度不同的中轴线，纵向轴只有 15 毫米，横向轴长则为 25～30 毫米。成虫的长度要比轴线的尺寸长一些，可以让成虫的足部活动自如。这样宽大的居室，不仅壁垒森严，而且陈设豪华。

可以说，天牛幼虫对于外界敌人的入侵是极为警觉的，它给房间建造的两到三层的封顶，就是一个坚固的防御壁垒。防御壁垒的里层是一个白色封盖，由矿物质构成，呈凹半月形，外层则由残存的木屑构成，天牛幼虫一点都不浪费自己开凿通道后剩下的木屑。有时候，前两层还紧连着最内侧一层的木屑壁垒。做好壁垒的工作后，天牛幼虫才能够在房间里为变成蛹做准备工作。天牛幼虫先从居室的四壁上锉下细条纹木质纤维，随

后它又将这一条条木屑贴回到墙壁上，这样一件不到 1 毫米厚的墙毯就铺成了。这一切都是幼虫为蛹化做的准备工作。

接下来，它不再进行挖掘工作了，而是进入了蛹期。正在蛹化的幼虫头朝着门的方向，劳累地躺下了，它身体下面有着一层柔软的垫子。此时幼虫的身体非常柔软，能够在房间里来回翻转，所以它的头朝哪个方向都无所谓。但是，蛹化而来的天牛成虫就完全不同了，它们浑身都是坚硬的角质，仿佛穿着一身盔甲一般，因此它不能将身体随意翻转，甚至由于房间狭小，想要弯曲身体都很困难。因此，它的头始终朝向房门，方便蛹化为成虫后容易离开，这样就不会使它囚死在自己建造的房间里。如果蛹期天牛头朝向了房间底部，那么豪华的居室就会成为成虫天牛的墓穴了。

当然，天牛幼虫早就为将来做好了打算，对头朝哪里的方向是绝对不会忽略的。暮春到来后，天牛在恢复力气后，就会向光明的出口进发，并破门而出。挡在它面前的那些石质封盖和细小的木屑，对它来说不算什么，只要用足推一下，或用坚硬的前额顶一下，就可以将这层封盖整体松动，并从屋顶脱落。而由木屑构成的第二层壁垒，清除方式和第一层一样。

当道路没有阻碍后，成虫天牛就可以沿着通道一直爬到出口了，而不用担心会迷路。如果出口还有一层薄薄的窗帘，它只需要轻轻咬开就可以了。最终，成虫天牛终于来到外面，它那长长的触须在阳光下激动地抖动着。

 两种天牛的本能生活

有一株快要死去的樱桃树，上面生活着一种浑身膝黑的小巧栎黑天牛。我可以利用这个机会研究一下天牛幼虫的生活习性。我想知道这种天牛不论个头大小，是否都天赋异禀呢？天牛幼虫的本能在身体结构和外形没有变化时，是否会改变呢？如果本能只是昆虫结构所派生的一种特殊技能，那么它就不是一成不变的。如果本能是由昆虫的结构所决定，那就可以从

这是一株树皮斑驳累累的樱桃树，如果人们剥开树皮，就能看到里面的房客：一群栎黑天牛的幼虫。

两种天牛的身上找到相似的结构。那么，身体结构能派生出本能吗？或者还是身体结构服务于本能呢？也许我们会在这棵樱桃树上找到答案吧。

这株樱桃树的树皮斑驳垒垒，我用平铲剥开树皮，可以看到里面有一群幼虫，那是栎黑天牛的幼虫，此外还有一些蛹。它们的个头大小不一，体格也有弱有强。从这些情景可以看出，栎黑天牛的幼虫属于天牛科昆虫，其幼虫期大多是三年。我想探究一下树的内部其他地方是否还有这种小幼虫，于是我劈开树干，再劈碎，但没有发现它们的踪迹。树干和树皮之间是这些幼虫群体的居住地，一条条蛀痕在那里紧密聚集在一起，纵横交错，宽窄不一，仿佛一个弯曲多路且错综复杂的迷宫。树木的表皮层是这个迷宫的前门，树木的韧皮部则是后门。从这里我们可以看出，个头大小不同的天牛幼虫，生活方式是有所不同的，大个子天牛幼虫在树干内部就地取

食，并居住在那里。而树干薄薄的外层是小个子天牛的幼虫美食，它们生活在树皮里。

其实，两种天牛进入蛹期前的准备工作是区别它们的主要特征。小个子天牛幼虫依靠樱桃树为生，当它离开树表，钻入树干里面后，大约在两个拇指深的地方，我们就会看到它的身后有一条深深的蛀痕，而且是一条非常宽敞的通道，并且还有一小块完整的树皮遮蔽住通道口。其实，成虫离开树干的通道就是这条小小的蛀痕，而通道出口的地方则是树皮遮挡着。

之后，幼虫在树干里挖掘出一间简陋的居所，以此作为虫蛹的安乐窝。这个房间长 3 ～ 4 厘米，宽约一厘米，呈现为橄榄形，房间的四壁什么也没有。在这一点上，小个子天牛幼虫就不如生活在橡树上的大个子天牛幼虫了，木质纤维在大个子天牛幼虫那里会被编织成绒布，进而把房间装饰一新。小个子天牛幼虫用一层纤维质木屑将居室的门堵住，然后再用矿物质作为第二层的封盖，比大个子幼虫的封盖要小一些，最后在钙质封盖的凹面上覆盖着一层细小的木屑。这样，幼虫就将壁垒修筑好了。另外，幼虫在蛹期睡卧时，它们头的朝向是否与门的方向相反呢？答案是否定的，这至关重要的一节是不会被幼虫遗忘的。

此外，房间封盖的建造，其结构对于两种天牛来说，基本上是同样的，基本上都是矿物质，并且呈现为新月形。两种天牛构筑的封盖只有在大小上不同，而在化学成分上和结构特征上基本都是一样的。据我观察，其他天牛科昆虫还没有能够胜任这种工作的。另外，天牛幼虫蛹的房间都是板封起来的，其材料是一些具有钙质的物质，这是它们普遍存在的一个特征。

这两种天牛所居住的居室结构虽然相同，但它们的习性并一定相同。小个子天牛宿营在浅浅的皮层上，以樱桃树为食；大个子天牛则深居在树干里，以橡树为食。在幼虫为变态做准备工作时，前者会从树表钻进树干里，后者则会从树干深处爬到树表。小个子天牛幼虫甘愿居住在简陋的居室里，遇到危险就逃跑，在树干内寻找安全的隐蔽所；而大个子天牛幼虫

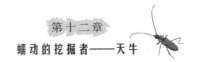

则临危不惧，并且还用木纤维编织成的绒毯来打扮自己的住所。可以说，它们的工作方式虽然不同，但其结果却没什么两样。从天牛的生活方式，我可以得到这样的启示，职业行为是不能由工具决定的。

另外，我还观察到其他种类的天牛科昆虫的生活。这些同属不同种的昆虫，虽然它们的挖掘工具相同，身体组织结构也没什么两样，但其居住环境却有所不同，如生活在黑杨树上的是轧花天牛，生活在樱桃树上的是天使鱼楔天牛。

轧花天牛生活在杨树上，并以杨树为食，它的生活方式就和以橡树为食的天牛基本相似。它的居室也建造在树干内部，在它快到蛹期的时候，就会向树表处挖掘出一条通道，通道的出口由还没有凿开的树皮遮蔽着，有时就是敞开着的。然后，轧花天牛又返回去，壁垒由木屑砌成，将通道堵塞住。在距树心大约有 20 厘米的地方，它挖凿出一间居室，为进入蛹期做准备。在居室里，只有一长条细木屑，作为防御敌害的工具，其他就

轧花天牛生活在杨树上，它的居室也建造在树干内部，快到蛹期的时候，它会向树表处挖掘一条通道，为进入蛹期做准备。

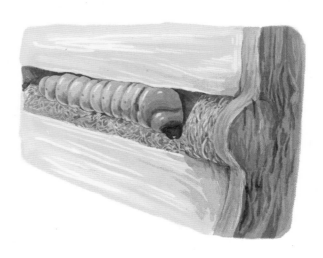

一点装饰也没有了。当成年天牛要离开树干时，它就用足把木屑推到身后，一条畅通的大道就会出现在它面前。另外，有时通道出口的地方还有一层树皮遮盖着，但这不足为惧，因为这层薄薄的树皮在成虫的螯牙下根本不算什么，只要轻轻一咬就可以去掉。

生活在同在一屋檐下的天使鱼楔天牛和以樱桃树为食的栎黑天牛，它们的生活习性和居住方式也基本相同。在蛹化过程中，天使鱼楔天牛并不向树表钻，而是向树内钻，它们挖凿出的居室与树表平行，呈圆柱形，两头则呈现为半球状，离树表不到1毫米。然后，爱美的天使鱼楔天牛就用木质纤维把居室稍微装饰一番，在入口处只有一大团木屑筑成的壁，将通道堵塞住。所以，天使鱼楔天牛的成虫在从通道出去时，堆在门口的木屑必须先被清理干净，然后才能用螯牙将一层薄薄的树皮咬开。

可见，虽然两种昆虫的挖掘工具相同，但其工作方式并不相同，而它们都是依据其本能生活着的。

第十三章

开凿通道的筑路工

——吉丁

昆虫档案

昆虫名：吉丁

昵　　称：爆皮虫、锈皮虫

身世背景：鞘翅目吉丁科昆虫，外表非常美丽，色彩绚丽，成虫头较小，触角和足都很短，幼虫身体扁长，呈乳白色，喜欢蛀蚀树木

生活习性：经常活动在树上，破坏和啃噬树木，幼虫蛀蚀树枝干皮，严重时造成树皮爆裂，因此俗称"爆皮虫"，成虫喜欢咬食树叶的叶片

武　　器：螯牙

天　　敌：啄木鸟

第十三章
开凿通道的筑路工——吉丁

 为成虫开凿通道的吉丁

吉丁是一种同天牛科一样的昆虫，它比较喜欢破坏和啮噬树木，无论这棵树是生病的还是健康的，都难以逃脱它的破坏。它与天牛的生活习性基本一样。比如，生活在黑杨树上的青铜吉丁，树干内部是其幼虫生活的地方，它们不仅居住在里面，还在里面寻找食物。在它们将要变成蛹时，就在离树表非常近的地方建造一间居室，形状呈扁平的橄榄形。而它们蛀下的木屑则塞在居室的后面，形成一条满是蛀屑的长廊，之后是一个弯曲度比较小的门厅，它与前部紧紧相连。在门厅的门上，有一块非常完整的树皮，厚度不到 1 毫米。此外，壁垒和阻塞木屑这些防御屏障全都没有。想要离开家门，吉丁成虫只需将薄薄的木层戳穿，再将树皮咬破，就能到大自然中去了。

九点吉丁也要钻进树干中生活，它的幼虫生活在树内，开凿的巢穴基本上和树轴是平行的，呈扁平形。

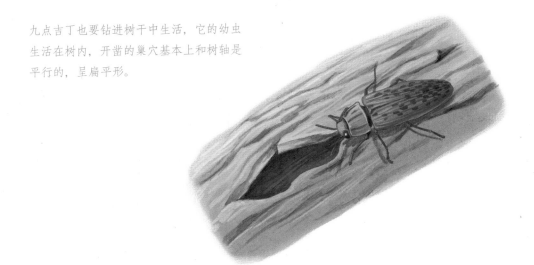

还有一种九点吉丁，它也和青铜吉丁一样是钻进树干中生活，只不过所钻的树是杏树。九点吉丁的幼虫同样生活在树内，开凿的长廊基本上和树轴是平行的，呈扁平形。然后，在离树表 3～4 厘米的地方，幼虫会改道挖掘，使通道变得弯曲，形状如同肘形，再慢慢地向树表延伸。在它身体的前方凿出一条笔直的通道，沿着最短的距离向前行进，而不是沿着弯曲的道路向前走。这是因为，九点吉丁在变成成虫以后，就会如同圆柱形一般，身上的甲壳也不能折叠，所以它们必须建造一个圆柱形的通道。而由于幼虫有着宽大的脚部，其他窄小的部位，仿佛一条长长的带子，通道则需要是扁平的，这可以使其背部的乳突能够顶住通道顶部，并以此借力前行。这也许是因为它对未来有预知能力，才使它将开凿通道的工程改变了。原先，幼虫开凿通道，一般都是高度很低，还有着狭长的裂缝，可以让幼虫在树干里到处行走。而像现在这样如同直筒一般的通道，其准确度之高就算是打孔机也无法比拟。九点吉丁幼虫为自己将来变成成虫所打的通道，一改其昔日的模样，让人不得不为它的精准的预知力而叹服。

从通道出口到薄纱般的表层，沿直线最短距离挖掘，都会有一个拐弯，其大小大约有通道的半径那么大，把水平通道与垂直通道相连接，这样就能够让吉丁成虫毫无阻滞地通过，就算它有着坚硬的甲壳也不是问题了。树皮和圆柱形通道相离也只有两毫米，是一条盲肠道，成虫出来时只要把这层树板穿透，再将外面的树皮顶破就可以了。这些工作做完后，幼虫就会从原路爬回，再将通道尽头的木窗帘用一层蛀下的细木屑加固好，并在回去的路上放一些细木屑，把道路严严实实地堵住。当它回到居室后，就会头向着出口的方向，放心地躺下睡觉。

在老松树桩里，树木基本都已枯旧，但还有一些八点吉丁生活在那里。这些松树的根部，中间松散柔软，外层却非常坚硬。八点吉丁的幼虫就喜欢在这里生活，因为这的树桩非常柔软，而且散发着树脂香味。这些幼虫变态时，就会离开中间松散而柔软的居室，钻进坚硬的木层中进行挖凿，通常会凿出一些 25～30 毫米的、略显扁平的橄榄形居室。这些房间的长

轴基本上与地面相垂直。房间的尽头有一条通道，有的弯曲，有的笔直宽敞，还有的通道口处于树桩的一侧，甚至有的在树桩的横截面上。通道与通道之间都通畅无比，就连通道的出口也完全敞开着。

幼虫有时也会偷个懒，让成虫自己来完成通道出口的开凿工作，不过这样的时候非常少。然而，由于这件工作并不难，通道口的那层薄薄的木质，完全能够透进光亮，所以一般幼虫都会完成。对于成虫来说，通道必须合适而方便，对于蛹来说，有防御的壁垒才可以保障蛹的安全，所以幼虫会把木屑咬成很细的精状，然后将通道的出口堵住。在通道底部，幼虫蛀的扁平长廊和它的居室之间，由一层木屑糊将其分离。此外，有一张绒毯挂在幼虫居室的四壁，这张绒毯的纺织工艺非常精湛，它是由木纤维织成的，而且被分成细细的小条，我们用放大镜能够观察到。这种木纤维绒毯的装饰材料，是我们从神天牛那里观察到的，这种艺术在木栖昆虫中普遍存在。

现在，让我们再来看一下由树表潜入树干内部的昆虫吧。露尾吉丁非常喜欢吃樱桃树，它的幼虫个子非常小，生活在树干与树皮之间。幼虫在变成蛹时，先将树皮的木质部分啃噬光，并开凿出一条通道，同时仍然将外层树皮的帷幔很好地保留了下来，这样可以给将来的成虫提供有利条件。然后，在树干中的幼虫便为自己开凿出一个竖直的居室，仿佛是一个井的形状，并用不坚韧的木屑堵住大门，这样可以让弱小的成虫顺利地自由出入。这项工作非常耗时，因为在井状居室顶上，幼虫要将细木屑黏成一层封盖，并用黏性液体将其相连。这样，幼虫就将自己的卧房筑好了。

还有一种吉丁生活在樱桃树的树干与树皮之间，名叫铜点吉丁。它非常强壮有力，但在为蛹化做准备工作时，却没花什么力气。通道延伸和扩展的地方便是它的居室，然后简单地涂上一层漆便完工了。幼虫只是在树皮中挖凿出一间简陋的小屋，除此之外，既不挖凿木层，也不挖开树皮，这也许是因为幼虫不喜欢劳动所致，并且也不会为成虫打开出口。

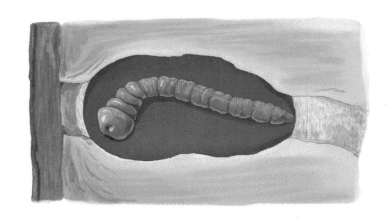

为了保证自身的安全，树内的幼虫将咬得很细的木屑堆放在一起，牢牢堵住通道的出口。

昆虫和人类一样，其工作方式和做事技巧都各不相同，如果只从工具上说，是难以解释的，从它们的劳动细节中我们可以找到一些结论。

吉丁科昆虫和天牛科昆虫一样，这些幼虫都在为成虫开凿出通向外面的窗口后，作为成虫只做一些清扫木屑的工作，或者将薄薄的木层和树皮钻透，就能够进入大自然的怀抱了。这是一个很有趣的现象，成虫和幼虫的职责和人类的逻辑几乎背道而驰。身强体壮的幼虫，每日进行着繁重的工作；而成虫只知道享受，从来不知道工作是什么。在幼虫用牙开凿出道路后，成虫便能轻松地来到阳光下，过着自在美好的生活。

但是，在我们的心里也许会有疑问，难道强健的成虫与生俱来就是一个享受者吗？于是，我做了一个实验。我先准备好一些宽度与昆虫天然居室差不多的玻璃管，然后把各类昆虫的蛹放到里面去，并在里面衬了一层粗纸屑来作为支撑点，这样可以让成虫的挖掘更加方便。它们要钻穿的障碍各不相同：有的是杨木塞，已经腐烂变软；有的是软木塞，大约有一厘米厚；有的是圆木片，其质地非常坚硬。对于软木塞和已经变软的杨木

塞，成虫可以轻松地穿透，那对于它们来说仿佛只是一个树皮窗帘。当然，这些简单的障碍物也会将少数成虫阻挡住，使其难以通过。但在实验中，所有的成虫都无法穿透坚硬的圆木片，于是在阻碍面前都纷纷死掉。哪怕是个子再大再强健的天牛，无论是在用隔膜封住的芦竹中，还是我仿造的橡树居室中，都无法存活。

可见，坚忍的耐力与力量是成虫所不具有的，而这些却是幼虫与生俱来的天赋与禀性。幼虫们所具有的耐力，能够使它开凿出通道，就是身体强健者想要做这项工作，也必须具备这种耐力。而且，幼虫还非常聪明，未来成虫的身高个头、体态特征，幼虫好像全都知道，不管将来的成虫是呈圆形还是橄榄形，它们在开凿通向出口的通道时，都会让长廊的一部分呈圆柱形，另一部分呈椭圆形。幼虫还知道成虫对光明的渴望，因此它会开凿一条通往光明的最短道路。幼虫对扁平弯曲的通道情有独钟，而且这种通道只能让它的身体刚好通过，在通道里，它会遇到喜欢吃的木质，这时它就会把那里挖大一些，但它永远也不会忘记自己的职责，那就是要挖掘出一条宽敞、规则、短促、弯曲成肘形的通道出口。

在树中生活的幼虫，总是漫无目的地游走着，而成虫却相反，它在树中的生活不过几日，而外面那光明的大自然是那么吸引它。于是，通道只要安全就可以，其长度越短越好，障碍物越少越好。幼虫非常聪明，它把通向外界的肘形通道修成一个缓缓的弯曲形状，这样可以让通道里横纵相连的接口不至于转弯过急，否则成虫那笨重的身体只怕难以通过。如果幼虫修筑的卧室在树干深处，通道修筑工程就非常漫长；如果树表和居室的距离很近，那么开凿通道的工作就容易一些。

这种规则的弯曲通道常常会让我想要用圆规测量一下。于是，我的这项研究有了一个新发现。有一棵杨树已经枯死，但是在它上面被虫子钻

幼虫对扁平弯曲的通道情有独钟，在通道里，它会遇到喜欢吃的木质，这时它就会把那里挖得大一些，但它不会因为贪吃而忘掉挖掘通道的伟大职责。

了许多圆形洞穴，粗细大约有笔杆般大小，看上去千疮百孔。于是，它被我从根部刨了出来，并运回到我的实验室。我先把它用锯子沿纵向截面锯开，然后再将截面刨平。

此时，树干的结构仍然没有什么变化，虽然昆虫把树心都给蛀蚀了，但外层状况与树心相比，保持得还算不错，只是在有十几厘米厚度的地方，横向穿过不计其数的弯曲成肘形的通道。这说明，那些曾经生活在树中的幼虫，在树干里开凿了难以计数的通道。这些通道平行而笔直，交会于树干中的某一点，又向四周发散开，并延伸到高处，在呈现为弯曲的肘形时，慢慢向四周扩散，而且每一条通道都会在树表有一个窗口。这束通道仿佛一个麦捆形状，但并不是只有一个末端，而是呈现为无数射线，慢慢向四面八方扩散。从这里我们可以看出，吉丁类昆虫是居住在怎样一个环境里的。

被我刨开的每一层树干，里面都可以看到很多弯道，这对我的研究提供了非常大的帮助，我非常欣喜自己能得到如此可观的研究资料。